魅力 First Lady Style

第一夫人教你的品位课

廷 音◎著

魅力无关你的背景,而是和你的自信心以及你愿意投入的努力有关。
——美国第一夫人米歇尔·奥巴马

中国财富出版社

图书在版编目(CIP)数据

魅力:第一夫人教你的品位课 / 廷音著.—北京:中国财富出版社,2015.9
ISBN 978-7-5047-5734-0

Ⅰ.①魅… Ⅱ.①廷… Ⅲ.①女性—修养—通俗读物 Ⅳ.①B825-49

中国版本图书馆CIP数据核字(2015)第121786号

策划编辑	张彩霞	责任编辑	白 昕 杨 曦		
责任印制	方朋远	责任校对	杨小静	责任发行	邢小波

出版发行	中国财富出版社		
社　　址	北京市丰台区南四环西路188号5区20楼　邮政编码　100070		
电　　话	010-52227568(发行部)　　　010-52227588转307(总编室)		
	010-68589540(读者服务部)　010-52227588转305(质检部)		
网　　址	http://www.cfpress.com.cn		
经　　销	新华书店		
印　　刷	北京高岭印刷有限公司		
书　　号	ISBN 978-7-5047-5734-0/B·0439		
开　　本	710mm×1000mm　1/16	版　次	2015年9月第1版
印　　张	16	印　次	2015年9月第1次印刷
字　　数	222千字	定　价	35.00元

版权所有·侵权必究·印装差错·负责调换

前　言

　　第一夫人，从吃穿到言谈举止，无一不需要迎接全世界挑剔的眼光——你要完美、优雅、出色，你要有时尚品位，你要谈吐不俗，你要在所有外交场合保持无懈可击的细节。在国际舞台上，第一夫人的角色总是非常活跃。作为各国元首的妻子，她们高雅的姿态和优雅的气质总是让世人赞叹。她们所展现出来的独特品位，绝对值得女人琢磨一辈子，学习一辈子。

　　作为美国的第一夫人，米歇尔·奥巴马被媒体拿来与凯特王妃比过，与布鲁尼比过，与卡梅伦夫人比过。没有人会允许第一夫人穿错一件衣服，说错一句话，而米歇尔最令人赞赏的恰恰是她出色的口才与说话的艺术，富有魅力的谈吐让她在一众璀璨夺目的第一夫人中脱颖而出。

　　拉尼娅是世界上最年轻的王后，她当上约旦王后的时候只有29岁。她也是世界上最美丽、最优雅的王后，她的脚步走到哪里，记者的镜头就跟到哪里。没有人能够抵挡她的魅力，就连见惯了各类美女的意大利著名服装设计师瓦伦蒂诺也不例外。瓦伦蒂诺至今难忘第一次见到拉尼娅的情景，他说拉尼娅打动他的是那种简约的美，她的装束甚至让这位服装大师也赞不绝口。

　　说到时尚的第一夫人，最值得学习的要数法国前第一夫人卡拉·布鲁尼·萨科齐。她可以说是最叱咤时尚圈的第一夫人，有着多重身份。模特出身的她做过演员、歌手，还当过时尚杂志的编辑，当然，最近她成了宝格丽高级珠宝的代言人，在时尚之路上再次绽放光芒。

魅力　第一夫人教你的品位课

南希·里根，曾经的美国第一夫人。作为第一夫人的南希对政治并不热衷，她对政治的关注完全是因为她要支持她爱的丈夫。南希曾经写道："我的人生目标就是拥有一次成功而幸福的婚姻。"在嫁给里根之后，南希将所有的爱都毫无保留地倾注到里根身上。南希在提到丈夫时曾深情地说："认识我丈夫之后，我的生活才真正开始。"这种爱几乎到了无以复加的地步，时刻都洋溢在南希的脸上，这一点全世界的人都看得出来。

俄罗斯的前第一夫人斯维特兰娜·梅德韦杰娃，外人可能所知甚少，但她在俄罗斯却是大名鼎鼎。早在2008年3月红场的大型音乐会上，俄罗斯总统普京和接班人梅德韦杰夫双双登台，普京像摇滚明星一样撩起群众的热情，梅德韦杰夫在一旁则显得羞涩不安。不过说起他们背后的妻子，角色似乎又调转过来了。在公共场合，柳德米拉·普京娜很少与丈夫一起出现，而且有人批评她时尚品位太差；反观梅德韦杰夫的妻子斯维特兰娜·梅德韦杰娃，却是俄罗斯各种"最佳着装榜"上的常客，而且活跃于名流聚会、时装展示和慈善活动等诸多场所。无论是时尚、艺术，还是宗教、慈善，斯维特兰娜在丈夫身边细密地编织着千丝万缕的人脉关系。

从多方面来说，劳拉和小布什是截然相反的两种人：小布什是一个出了名的懒汉，而劳拉是个爱整洁的人，每次洗完澡都会把浴室打扫得干干净净；小布什看书偏重理科，而且看完书喜欢到处乱扔，而劳拉则博览群书，自己的书柜总是收拾得整整齐齐；小布什喜欢出风头，爱耍嘴皮子，容易冲动，劳拉则喜欢过远离公众的生活，遇事沉着冷静，说话不多却总能切中要害。可也正因为这些不同，使两个完全互补的人走到了一起。正如劳拉所说，她给小布什的生活带来了平和，而小布什则给她的生活带来了兴奋与激情。

美食外交是韩国前第一夫人金润玉最拿手的，她的好厨艺在各国第一夫人中数一数二。第一夫人的美食外交把生硬无趣的政治会晤变成色

前 言

香味俱全的欢聚，为自家夫君挣来广阔的前程，更将自己国家的美食文化传播给全世界，这是一种极高的境界。

英国第一夫人萨曼莎不仅父亲家族显赫，她的母亲也出身上流社会，是英国著名邮购家具公司OKA的创办人之一。与英国大多数穿着老气的政客夫人不同，萨曼莎学艺术出身，曾任创意总监，偶尔成为高级杂志的封面人物，自然流露的个人品位令时尚界印象深刻。

外柔内刚的阿根廷前第一夫人克里斯蒂娜·费尔南德斯·基什内尔是前阿根廷总统内斯托尔·卡洛斯·基什内尔的妻子，这位个性独立、口才出众、举止与装扮优雅的政坛女强人是阿根廷政坛里的一朵"奇葩"。

日本前第一夫人鸠山幸美丽而善于持家，同时也是一个外向而充满活力的人，她认为自己一直都"充满好奇心"，喜欢尝试新鲜事物。鸠山幸性格外向，兴趣广泛，喜欢腌制蔬菜、制作彩绘玻璃、陶艺以及缝纫。在鸠山由纪夫做日本首相期间，他的官方网站上还专门开辟出了鸠山幸专栏，介绍她如何做饭、养育孩子、追求人生乐趣等亲民话题。韩国《朝鲜日报》称鸠山幸是日本所有家庭主妇的偶像，每个女性都希望能照搬她的生活方式。

本书将同大家一起分享世界第一夫人的魅力提升术，以十位国家元首的夫人为对象，通过对这些"第一夫人"的经历的描写，为我们展现优秀女性的风采和魅力。

十堂品位提升课，看似简单却深入地触及女人身心成长的各个层面，它囊括了成熟与魅力、职业与成功、心情与快乐、形象与交往、沟通与艺术、婚姻与爱情、信任与奉献、激励与相夫等方面的内容。它将帮助女人全面提升自己的魅力，实现让自己破茧而出、羽化成蝶的升华。

目 录

第一章　跟美国第一夫人米歇尔·奥巴马学谈吐 ………… 1

作为美国第一夫人的米歇尔·奥巴马被媒体拿来与凯特王妃比过，与布鲁尼比过，与卡梅伦夫人比过。没有人会允许第一夫人穿错一件衣服或说错一句话，而米歇尔最令人赞赏的恰恰是她出色的口才与说话的艺术，富有魅力的谈吐让她在一众璀璨夺目的第一夫人中脱颖而出。

1. 声音，让女人更有吸引力 ………………………………… 2
2. 说话真诚的女人最能打动人心 …………………………… 4
3. 倾听，最受欢迎的女性语言 ……………………………… 7
4. 善于赞美，让别人更喜欢你 ……………………………… 11
5. 不卑不亢，冷静处理突发状况 …………………………… 15
6. 做个聪明女人，敏感话题请绕行 ………………………… 18
7. 幽默，让女人的语言锦上添花 …………………………… 20
8. 勇敢开口，羞答答的玫瑰要大胆地开 …………………… 23

第二章　跟约旦王后拉尼娅·阿卜杜拉学优雅 ………… 27

阿拉伯是男权世界，女人再美，也要罩在严实的黑纱里面，所有的生机，就是那黑纱缝隙里透出的一对水汪汪的大眼睛。如果说这是风俗的话，有位特立独行的女性，改变了世界对阿拉伯女性的成见。她被誉为"世界上最美丽、最优雅的王后"，她就是约旦哈希姆王国现任国王——阿卜杜拉的王后：拉尼娅。

1.淡定从容,优雅地面对爱情 …………………………………… 28
2.书香脉脉,让书籍滋养你的心灵 ……………………………… 32
3.把握平衡,工作家庭面面俱到 ………………………………… 36
4.年龄不是压力,享受岁月的馈赠 ……………………………… 40
5.细节至上,别让小毛病破坏好形象 …………………………… 42
6.悦己悦人,微笑是女人最美的妆容 …………………………… 45

第三章　跟法国前第一夫人卡拉·布鲁尼·萨科齐学时尚 …… 48

说到时尚第一夫人,最值得学习的应该要数法国前第一夫人卡拉·布鲁尼·萨科齐。她可以说是最叱咤时尚圈的第一夫人,有着多重身份,模特出身的她做过演员、歌手,还当过时尚杂志的编辑,当然,最近她还成了宝格丽高级珠宝的代言人,在时尚之路上再次绽放光芒。

1.时尚法则中的降龙十八掌 ……………………………………… 49
2.身材不完美也能穿出惊艳效果 ………………………………… 51
3.闻香识女人,用好你的"第一名片" …………………………… 54
4.美鞋加分,秀出你的女人味 …………………………………… 57
5.珠宝,悄然点亮你独特的气质 ………………………………… 59
6."包"藏女人心,手袋拎出万种风情 …………………………… 62
7.化妆是一支神奇的魔法杖 ……………………………………… 65
8.控制体重,保持身材 …………………………………………… 67

第四章　跟美国前第一夫人南希·里根学宽容 ………………… 70

作为美国前第一夫人,南希对政治并不热衷,她对政治的关注完全是因为她要支持她爱的丈夫。南希在回顾两人的爱情和婚姻时说:"罗尼和我是那样亲密,我感觉50年的时间转瞬即逝。总是有人问我,你的婚姻保持了这么久,是否有什么秘诀。我会告诉他们,永远不要将婚姻视为两半

目 录

的,而应该时刻做到付出更多,永远保持宽容。在过去的50年里,我们两人都兑现了自己的承诺——宽容。"

1. 控制情绪,学会做情绪的主人 ………………………… 71
2. 面对苦难,女人要更加坚强乐观 ……………………… 74
3. 美由心生,因为善良所以宽容 ………………………… 77
4. 学会妥协,人生道路也会更顺畅 ……………………… 80
5. 偶尔装装傻,生活才会更舒心 ………………………… 82
6. 不苛求完美,迎接生活的"意外之喜" ………………… 87
7. 积极向上,拥有健康的生活态度 ……………………… 90

第五章 跟俄罗斯前第一夫人斯维特兰娜·梅德韦杰娃学社交 …… 93

在公共场合,柳德米拉·普京娜很少与丈夫一起出现,而且有人批评她时尚品位太差;反观梅德韦杰夫的妻子斯维特兰娜·梅德韦杰娃,却是俄罗斯各种"最佳着装榜"上的常客,而且经常活跃于名流聚会、时装展示和慈善活动等诸多场所。无论是时尚、艺术,还是宗教、慈善,斯维特兰娜都在丈夫身边细密地编织着千丝万缕的人脉关系。

1. 亲切一些,拒绝做冰雪冷美人 ………………………… 94
2. 认真打造自己的"权贵"圈子 ………………………… 97
3. 尽早开始提高交朋友的水准 …………………………… 101
4. 让嫉妒走开,离你越远越好 …………………………… 102
5. 锦上添花,真诚地为别人鼓掌 ………………………… 105
6. 闭嘴,长舌妇不可能有真正的朋友 …………………… 108
7. 人生如戏,社交场合适当戴戴面具 …………………… 112
8. 助人为乐有底线,求人帮忙有上限 …………………… 116

第六章　跟美国前第一夫人劳拉·布什学驭夫 ……………… 119

劳拉对小布什影响最大的一件事,就是帮丈夫戒了酒,引导这个一度令老布什夫妇极为头疼的"坏小子"一步步走上生活正轨。小布什当年曾是个酗酒成性的酒鬼,虽经家人多次劝告,但仍恶习不改,最终在妻子劳拉的训诫下戒了酒,足见劳拉对他的影响力。布什家族的友人曾戏称劳拉是个"实权型的妻子",她的"驭夫术"就是以柔克刚,而且招招制胜。

1. 每一个成功男人的背后都有个好女人 …………………… 120
2. 用心经营,"坏小子"也能变成好老公 …………………… 123
3. "放养"男人,幸福会离我们更近 ………………………… 125
4. 驭夫有道,合理对待男人的坏习惯 ……………………… 128
5. 娇柔一点,把家务分给男人做 …………………………… 131
6. 以爱为名,给他温暖的力量 ……………………………… 135
7. 赋予信任,是对男人最好的支持 ………………………… 137
8. 爱他的家人,你将收获更多 ……………………………… 140

第七章　跟韩国前第一夫人金润玉学厨艺 ………………… 143

美食外交,打造亲民形象,无一不是第一夫人们亲力而为的杰作。美食外交是韩国前总统夫人金润玉最拿手的,她的好厨艺在各国第一夫人中数一数二。媒体给金润玉精湛的厨艺做出的评价是:金润玉轻松抓住了李明博的胃,她有信心要靠着好手艺征服全球政治家的胃。事实上,她也确实做到了。

1. 新鲜女人要下得厨房上得厅堂 …………………………… 144
2. 换个角度来看女人做饭 …………………………………… 147
3. 幸福婚姻,从厨房交响曲开始 …………………………… 151
4. 五分钟爱心早餐制造浪漫情调 …………………………… 154

目 录

5.懂点营养学,让生活更健康 …………………………… 156
6.家庭聚会,打出一张美食外交牌 ………………………… 159
7.主持宴会,餐桌礼仪要面面俱到 ………………………… 163
8.外出赴宴,别让吃相毁了你 ……………………………… 166

第八章 跟英国第一夫人萨曼莎·卡梅伦学品位 ……… 169

与英国大多数穿着老气的政治人物夫人不同,萨曼莎学艺术出身,曾任创意总监,偶尔担任高级杂志的封面人物,自然流露的个人品位令时尚界印象深刻。尽管萨曼莎在公众场合表现得十分低调,但她每次现身时的穿着打扮,却常常是英国媒体讨论的话题。最独特的是,她善于把名牌、设计师的作品与英国商场的平价货混搭着穿,若不是品位超绝的高手怎敢在众目睽睽下如此大胆。

1.女人如诗,品位是一种生活态度 ………………………… 170
2.有品位做底蕴,只闻暗香浮动 …………………………… 172
3.永恒的美好,是一点一滴的积累 ………………………… 174
4.经济独立的女人更有味道 ………………………………… 177
5.亲近艺术,远离八卦和肥皂剧 …………………………… 180
6.富有不是尊贵,时髦不等于有品位 ……………………… 183
7.走出去,旅行让生活更美好 ……………………………… 186
8.改变方式,全方位提升自己的品位 ……………………… 188

第九章 跟阿根廷第一夫人克里斯蒂娜·费尔南德斯·基什内尔学自信
……………………………………………………………… 192

外柔内刚的阿根廷第一夫人——克里斯蒂娜·费尔南德斯·基什内尔是前阿根廷总统内斯托尔·卡洛斯·基什内尔的妻子,这位个性独立、口才出众、举止优雅的政坛女强人是阿根廷政坛里的一朵"奇葩"。身为两个孩子的母亲,克里斯蒂娜坚信,做自己才是最好的。事实上,克里斯蒂娜也一直在做她自己,而且做得相当精彩。

1. 魅力女人,带着自信向前冲 ………………………… 193
2. 真正的自信闪耀着睿智之光 ……………………… 196
3. 自信女人的九大特征 ……………………………… 198
4. 坦然接受不那么完美的自己 ……………………… 201
5. 提高自信心,做最优秀的自己 …………………… 205
6. 相信自己,你就是自己的圣人 …………………… 209
7. 把握机会,充分施展自己的才华 ………………… 211
8. 精彩一生,不做他的"附属品" …………………… 214

第十章　跟日本前第一夫人鸠山幸学灵性 …………… 218

日本前第一夫人鸠山幸美丽而善于持家,同时也是一个外向而充满活力的人,她认为自己一直都"充满好奇心",喜欢尝试新鲜事物。她还颠覆了首相夫人一本正经的传统,在美国《时代》周刊评选的十大最"另类第一配偶"榜单上,鸠山幸名列榜首。

1. 颠覆认知,有趣的女人更受欢迎 ………………… 219
2. 无论何时,记得回家做个"小女人" ……………… 223
3. 女人可以不漂亮,但不能没情趣 ………………… 225
4. 七个小秘诀让女人学会撒娇 ……………………… 228
5. 十大妙招,让婚姻更有激情 ……………………… 231
6. 爱自己,做个"享乐主义者" ……………………… 234
7. 拥有孩子气、童心不泯的女人不会老 …………… 237
8. 知情达意,做个有情调的灵性女子 ……………… 240

第一章

跟美国第一夫人米歇尔·奥巴马学谈吐

作为美国第一夫人的米歇尔·奥巴马被媒体拿来与凯特王妃比过，与布鲁尼比过，与卡梅伦夫人比过。没有人会允许第一夫人穿错一件衣服或说错一句话，而米歇尔最令人赞赏的恰恰是她出色的口才与说话的艺术，富有魅力的谈吐让她在一众璀璨夺目的第一夫人中脱颖而出。

在奥巴马支持率下降的关键时刻，在选举在即的关键时刻，米歇尔站出来以一席精彩的演讲赢得满场热烈掌声。在每一次公开场合的发言中，米歇尔总能够直击人们内心深处，收获满满的感动和支持。连总统奥巴马都说："米歇尔一开始演讲，我就会泪眼模糊。"

真正有魅力的女人，一定懂得语言艺术。谈吐自如是一种风度，笑对群儒是一种境界，巧舌如簧是一种能力。女人的内涵需要通过谈吐体现出来，女人的气质在她开口说话的瞬间，便一览无余。

1.声音,让女人更有吸引力

每当米歇尔开口说话或演讲时,无论是否认同她的观点,人们总是会不由自主地被她吸引,确切地说,是被她的声音吸引。从她抑扬顿挫的声调中,人们感受到的是亲切、真诚、热情与力量,米歇尔用她富有感染力的演讲为奥巴马赢得了无数的选票与支持,也为她自己塑造了近乎完美的魅力女人形象。

心理学研究表明,一个人对外界事物的感知和印象80%靠视觉,剩余的20%中有14%靠听觉,这还是在面对面的情况下。如果是通电话,交际的效果完全靠声音来完成,那声音的重要性更不用说了。

女人的谈吐既有知识、趣味,又能用丰富的表情和优美的声音来表达,那将会收到意想不到的效果。美丽的声音有一种直达人心的魅力,聪明的女性应该懂得驾驭自己的声音。很多流连于梳妆台前的白领女性对自己的外貌、服饰很感兴趣,也很有信心,但她们却很少能留意自己的声音。我们常会看到一些容貌姣好、衣着入时的白领女性说起话来直叫男士们摇头,倒是那些容貌普通,但说话不快不慢、抑扬有致的白领女性较能给人"舒服"的印象。

女人的魅力表现在三个方面:声音、形象和性情。但在实际生活中,人们——不管是男人还是女人,往往注意到的只有后两点。其实,声音在女人的魅力之中所占的分量绝对不轻。

优雅的女人会时时注意自己声音的力度、音阶和速度。她像一个调音师,时时精心聆听每一个音节拼接、演奏出的音乐。而温柔的语言、亲切的态度、婉转的音调、平和的旋律,这些加起来,会使一个面貌平庸的女人变得魅力倍增。这样的女人,即使有一天老了,魅力也不会褪色。

第一章　跟美国第一夫人米歇尔·奥巴马学谈吐

失去声音的魅力,就犹如失去女人的特征。所以,女人应该像训练形体一样去训练声音,这样才能增加女人的自信并改变女人的命运。

那么,如何才能使自己说话的声音更富有感染力呢?

(1)培养受人欢迎的语调

语调能反映出一个人说话时的内心世界、情感和态度。一个人在生气、惊愕、怀疑、激动时,所表现出的语调是不一样的。从一个人的语调中,我们可以感觉到她是一个诚实、自信、幽默、可亲可近的人,还是一个呆板保守、优柔寡断、好阿谀奉承或阴险狡猾的人。所以,无论你在谈论什么话题,都应保持说话的语调与所谈及的内容相协调,并能恰当地表明你对某一话题的态度。

(2)注意发音的准确性

正确而恰当地发音,将有助于准确表达自己的思想,与人进行良好的沟通与交流。如果你说话发音错误并且含糊不清,这表明你思路混乱、观点不清,或对某一话题态度冷淡,这会让他人感到极不舒服,从而产生一种抵触情绪。

(3)控制说话的音量

在任何场合大声说话,都会让对方产生压迫感。如果大声到"喧哗"的地步,引起不相干人的注意就更不明智了,这违反了交际场合"不要让自己引人注目"的原则。一般在交际场合中,个人的音量以对方能听见为宜,电话中还要略低一些。

(4)注意聊天的语速

当你在和别人交谈时,选择合适的语速十分重要。语速太快易给人紧张和焦虑感。如果说话的语速太快,以至于某些词语含混不清,他人就无法听懂你所说的内容。当然,如果语速太慢,又会令人逐渐丧失耐心,有焦躁沉闷之感。正确的做法是,努力保持恰当的语速,不要太快也不要太慢,并在说话时不断地调整。

(5)不要用鼻音说话

在日常生活中,我们经常听到"哼……嗯……"的发音,这就是鼻音。如果你说话时常常使用鼻音,肯定不会受到他人的欢迎,因为你的声音让人听起来似在抱怨,毫无生气,十分消极。如果你想让自己所说的话更具吸引力和说服力,如果你期望自己的语言更加富有魅力,那么从现在开始拒绝使用鼻音。

作为一名白领女性,如果不注意培养自己的声音,就会让"凤凰"变"乌鸦"。失去了声音的魅力,就如同失去了女性的特质。所以,从现在开始,要像训练形体一样去训练自己的声音。因为,充满魅力的声音能增加女性的自信和气质,并在关键时刻改变自己的命运。

2.说话真诚的女人最能打动人心

如林志玲般发嗲也是一种成就和能力。但是,如果你不能让嗲成真就不要弄巧成拙地东施效颦,也不要为了优雅而故意拿腔捏调,要知道不真实的东西始终不会持久。女人只有用一颗真诚的心与人交往,才能换来彼此的心灵相通,驱除人为的隔膜,坦诚以待。真诚是一笔宝贵的财富,拥有这笔财富的女人将是这个世界上活得最自在的人,同样,女人的语言魅力也源于真诚。

从米歇尔的谈吐可以看出她是一个个性健康的明亮女人,因为不论在任何场合她都真挚到诚恳,从不矫情造作。比如,总统竞选期间,她形容丈夫奥巴马在华盛顿的住所是一间"容易着火""可以吃比萨"的小公

第一章　跟美国第一夫人米歇尔·奥巴马学谈吐

寓,每次她去看他,都得一起去住宾馆。记者问她:"那之后的白宫呢?"她坦然而眉飞色舞地感叹:"白宫真的是太美了,是那种让人产生敬畏的激情的美。在那里走一圈之后,感觉能住在那里真是一种上天的赐予、一种荣耀。"一般选民会觉得,希拉里离自己很远,这也是克里和戈尔等人的政治宿命,都给人疏远感,也让选民厌倦,这种感觉说好听一点是"远",说难听一点是"假",而与夫人情趣相投的奥巴马给人的感觉却是那么的真实而亲近。当然,这与米歇尔的感性影响与渲染有关,她是第一个爆料自己丈夫不会整理床铺的第一夫人,这些小细节为奥巴马平添了几分人情味。

米歇尔基本不谈政策纲领,而是打人性牌,大谈奥巴马睡觉鼾声大、早上起床时口臭令女儿不敢接近等趣事。即使夫妻一起上电视做节目,也是谈笑风生,彼此打趣,不时自然而然地显露出很淳朴、单纯的一面,总之,尽显"不装"的率真一面。奥巴马是理性与感性的统一,他既有很强的感染力,也有很强的自控能力,最重要的是,他与夫人一样没有故意掩饰自己。记者问他:"获胜后,太太说了什么?"奥巴马幽默地说:"她说:'那你明早上还送女儿上学去不啊?'"第一夫人听后大笑:"我没说,我可没这么说啊!"夫妇俩的眼神交流,默契而生动。这样简单真挚的语言,其实最能打动人心。

女人在讲话时如果只追求外表漂亮而缺乏真挚的感情,开出的也只能是无果之花,虽然能欺骗别人的耳朵,却不能欺骗别人的心。

人与人交谈,贵在真诚。有诗云:"功成理定何神速,速在推心置人腹。"只要你与人交流时能捧出一颗恳切至诚的心,一颗火热滚烫的心,怎能不让人感动?怎能不动人心弦?白居易曾说过:"动人心者,莫先乎情。"炽热真诚的情感能使"快者掀髯,愤者扼腕,悲者掩泣,羡者色飞"。

说话不是敲击锣鼓,而是敲击人们的"心铃"。"心铃"是最精密的乐器。因此,成功的女人总能用真挚的情感、竭诚的态度击响人们的"心铃",并刺激之、感化之、振奋之、激励之、慰藉之。对真善美,热情讴歌;对假恶丑,无情鞭挞。让喜怒哀乐,溢于言表;使黑白贬褒,泾渭分明。用自己的心弦去弹拨他人的心弦,用自己的灵魂去感染他人的灵魂,使听者闻其言,知其声,见其心。

由此可见,真诚的语言,不论对说者还是对听者来说都至关重要。说话的魅力,不在于说得多么流畅,多么滔滔不绝,而在于是否善于表达真诚。最能赢得人心的女人,不见得一定口若悬河,而是善于表达自己真诚情感的女人。

心理学家认为,人与人之间存在"互酬互动效应",即你如果真诚对待别人,别人也以同样的方式给予回报。道声"谢谢",看似平常,可它却能引起人际关系的良性互动,成为交际成功的促进剂。

如果一个女人能用得体的语言表达她的真诚,她就能很容易地赢得对方的信任,与对方建立起信赖的关系,对方也可能因此喜欢她说的话,并答应她提出的要求。能够打动人心的话,才可称得上是"金口玉言"。

说话是一个传递信息的过程。所以,提高自己的说话水平,增强自己的语言魅力,并不完全在于说话者本人能否准确、流畅地表达自己的思想,还在于她所表达的信息、思想能否为听众所接受并产生共鸣。也就是说,要将话说好关键还在于如何拨动旁听者的心弦。

在生活中,有些女人长篇大论甚至慷慨陈词,却难以提起听者的精神;而有些女人仅仅寥寥数语,却掷地有声。这是为什么呢?原因很简单,后者能了解他人的内心需要,能设身处地地站在对方的立场,为对方着想。因此,她们的话总是充满真诚,更容易打动人心。

真诚的语言虽然朴实无华,却最感人。有家电视台播放过一个节目,是关于中国女足在一次比赛中获得较好名次的。记者问运动员:"你们得了亚军后心情如何?你们是怎么想的?"其中一名运动员不假思索地回答道:"我想最好能睡三天觉!"

这样的回答似乎有些出乎意料,但她质朴、没有任何修饰成分的话语,让全场顿时爆发出一片赞许的笑声和掌声。如果这位运动员"谦虚"一番,讲一通"我们还有很多不足"之类的话,可能就没有如此强烈的反响了。

情深,才可惊心动魄。语言真诚,即使是几句简单的话,也能引起听众的强烈共鸣。

3.倾听,最受欢迎的女性语言

米歇尔·奥巴马在北京大学演讲时说:"当所有公民的声音和观点都能得到倾听时,国家会变得更加强大和繁荣。"在人际交往中,倾听是对别人的尊重和关注。专心地听别人讲话,是你所能给予别人的最有效的,也是最好的恭维。然而在现实生活中,却并不是人人都能做到如此。

这是因为,人们总是认为自己的声音是最重要的、最动听的,并且总是迫不及待地想要表达自己的愿望。在这种情况下,一个好的倾听者自然会成为受欢迎的人。有人说:"上帝给了我们两只耳朵,一张嘴巴,就是希望我们能多听少说。"可是大多数情况下,很多人能理解这一点却做不到。

一个冬日的夜晚,大卫和他的妻子去看一部期盼已久的电影。

两人全神贯注于银幕,被其中的情节深深吸引。他们前面坐着两位年轻男女,看样子像是热恋中的情侣。不一会儿,前排的女孩开始说话,侧着脑袋与身边的男士交头接耳。一开始,女孩说话的声音比较低,随着电影情节发展,她的兴致越来越高,声音也不断提高,以至于大卫和妻子完全能听见她在说什么。女孩已经看过这部电影,熟知每个情节,所以每当

魅力　第一夫人教你的品位课

一个场景要出现,她便急忙告诉她的男友接下来会发生什么——紧随着,银幕上果然出现了她"预料"的情节,她高兴地连声说:"喏,你看,我说的没错吧!"

大卫有些坐不住了,她这样提前告知影片内容,无疑剥夺了他探索内容的乐趣。大卫一忍再忍,可她一说再说,最后,他不得不拍拍她的肩头说:"小姐,请你用你的眼睛'看'电影,我们将很感谢你!"

女孩惊讶极了,脸上带着明显的愠色,她向男友嘀咕几句,倒是真的不再"预告"影片内容了。

妻子悄悄拉了大卫一下,不无担心地低声说:"你惹麻烦了,你看见了吗?她那位高大的男友肯定不会放过你的。"

果然,影片中间休息时,大卫去外面买饮料,那位男友跟了出来。想起妻子的话,大卫心里一紧,真有点儿后悔刚才的做法。于是他加快脚步,男士却迅速跟进。冷不防,男士一把拽住大卫,另一只手握住他的右手说:"先生,谢谢你。你说出了我想说的话,我实在没有勇气对她那样说。"

这个故事中的女孩不能尊重别人,絮絮叨叨地说个没完,破坏了他人看电影的兴致,虽然故事没有直接说明倾听的重要性,却让我们看到以自我为中心、不停"倾诉"是件多么不礼貌的事情。女性说话的时间是男性的几倍,女性对着丈夫或女友滔滔不绝,无所不谈。对方不但要听,还不能说话,以免打断她的话语。然而轮到别人对她说话时,她又不认真倾听,对别人的话关注不够,急于打断对方,自己发言或者把话题转到自己感兴趣的地方。这种局面久了,再好的朋友、再耐心的客户也会心生厌恶。

善于倾听是一种高雅的素养。认真倾听别人讲话,表现了你对说话者的尊重,人们也往往会把忠实的听众视作可以信赖的知己。

当然,倾听的好处还有很多。首先,倾听可以解除他人的压力。当一个人有了心理负担和心理疾病后,他总是愿意把自己心中的烦恼向一个好

第一章　跟美国第一夫人米歇尔·奥巴马学谈吐

的倾听者诉说,以寻求解脱的办法。而在这时,倾听者若对倾诉方表示出体谅的心情,比如说适当地插入"我理解你的心情,要是我,我也会这样"之类的话语,对方一定觉得你对他的心情是理解的,你们的交谈就能够融洽地进行,你的劝告也容易生效。

其次,注意倾听别人讲话会给人留下非常良好的印象。在小说《傲慢与偏见》中,伊丽莎白在一次茶会上专注地听着一位刚刚从非洲旅行回来的男士讲他在非洲的所见所闻,几乎没有说什么话。但分手时,那位绅士却对别人说:"伊丽莎白是个多么善言谈的姑娘。"

此外,倾听是一个信息搜集的过程。它可以让我们学到更多的东西,更好地了解人和事,丰富自己的知识,使自己变得更聪明。

善于倾听是人际交往中的一种手段,看似是静止,实际上却蕴含着丰富的信息,就像乐谱上的休止符,运用得当,则含义无穷,真正可以达到无声胜有声的效果。

懂得倾听的人,不仅容易交到朋友,也有助于了解真相,充实自己。当然,倾听也不是一件容易的事,因为这不仅要控制自己表达的欲望,还要表现出对别人的述说感兴趣。

以下是我们从第一夫人米歇尔·奥巴马的谈话中总结出的几条关于倾听的技巧:

(1)保持眼神接触

让说话人感觉到,你的注意力完全在他身上。

(2)保持全神贯注的姿势,就像运动员时刻准备投入比赛一样

想一想那些无精打采的人,要么冷淡,要么孤僻,要么粗鲁,根本不关心你在说些什么。相比之下,电视里的采访者就完全不同,他们的整个状态展示了高度的投入与关注。

(3)给讲话人语言暗示,鼓励他多说一些

例如,"明白了""多给我讲一些""然后怎么样了""请继续"。注意,每一个暗示简短就行,哪怕只有两三个词,也足以使讲话人深受鼓舞。

(4)清除交流障碍

你可以走到办公桌前,靠近来访者坐下,也可以在谈话时将办公电话、手机或传呼机关掉。如果嘈杂的收音机或周围人的谈话影响了你,请将收音机关掉或换一个安静的环境。

(5)对听到的话进行解释与核对

"如果我没理解错的话,你一定认为会议缺少明确的议程安排,因此显得有些混乱。"此时应有一个停顿,以便讲话人肯定你的观点或予以纠正。

(6)表示同感

如果有人告诉你,他失去了一个期待已久的晋升机会,你就应该回答道:"真是遗憾,我想你肯定失望极了。"

(7)分享谈话"核心"的角色

在谈话过程中,应不时"让出"核心的角色。因此,请不要总是试图"统治"与他人的谈话,尽量让其他人都参与进来。例如,你可以说:"莎伦,我们很想听听你在这个问题上的看法,可以给大家介绍一下吗?"

(8)暗示你乐于听到不同的意见

可以这样说:"你提出的这个建议我还真是第一次听到,我会认真考虑的。请谈一谈应该怎样落实你的想法。"

(9)聆听他人的困惑,但不要替他解决问题

哪怕麻烦缠身,人们也不愿让别人来帮忙解决问题。他们不需要你出谋划策,只希望得到你的关心与支持。

聆听对方的意图,而不仅仅是话语。管理学大师彼得·德鲁克曾经说过:"沟通就是倾听对方没有说出来的话。"因此,请细心体会说话人"话里话外"的意思,并在抓住事实的同时感受他的情绪。

(10)提出反对意见前,应听全、听懂对方的话

这样,即使你所持的是对立观点,对方也会相信你的立场是公正的。

(11)把每一次倾听当作学习的机会

敏锐的倾听者会留意那些不被人看好的观点。因此，即便谈论的话题一开始显得很无趣，也请紧跟说话人的思路。而在你学习的同时，你也会获得说话人的好感与尊重。

交谈时，说者和听者双方要互相配合，才能使谈话顺利地进行下去。几个人在一起交谈时，如果你总是说有关自己的话题，不能很好地听别人谈话，而且总是打断别人的谈话。开始时，别人也许还会有兴趣听，时间久了便会失去兴趣，并开始畏惧你的喋喋不休，甚至会躲着你，而最终你也会被从人际关系圈中排挤出来。

聪明的女人，应该是一个会倾听的女人。善于倾听，会使你在社交场合成为一个受欢迎的人，在人际交往中成为一个沟通高手。想要别人关注你，你就得先关注别人。问别人喜欢回答的问题，鼓励他人谈论自己及所取得的成就。尤其不要忘记与你谈话的人，他对他自己的一切，比对你的问题要感兴趣得多。

4.善于赞美，让别人更喜欢你

在米歇尔带着妈妈和女儿出访中国期间，我们总是能从媒体上看到她对中国传统文化、美食、风景……得体而又生动的赞美，让我们的民族自豪感油然而生，对米歇尔的好感也直线上升。可以说，米歇尔用真诚的赞美在中国老百姓心中为自己树立了良好的口碑与形象。

喜欢听好话是人的天性之一。每个人都会对来自社会或他人的赞美

魅力　第一夫人教你的品位课

感到满足。当我们听到别人对自己的赞赏,并感到愉悦和鼓舞时,不免会对说话者产生亲切感,从而使彼此之间的心理距离缩短。人与人之间的融洽关系就是从这里开始的。

美国哲学家约翰·杜威说:"人类最深刻的冲力是做一位重要人物,因为重要的人物常常能得到别人的赞美。"林肯的相貌算得上是百里数一的丑陋,但他却知道赞美的重要性,他曾以这样一句话作为一封信的开头:"每个人都喜欢赞美的话,你我都不例外。"

法国的拿破仑,具有高超的统率和领导艺术。他主张对士兵"不用皮鞭而用荣誉来进行管理",他认为一个在伙伴面前受了体罚的人是不会为你效命疆场的。为了激发和培养官兵的荣誉感,拿破仑为每一位立了战功的官兵加官晋爵,授旗赠章,还在全军进行广泛的通报宣传,通过这些赞扬激励官兵勇敢地去战斗。因为,只要是人就都希望获得别人的赞美,没有人喜欢被指责和批评。

赞美如煲汤,火候是关键。赞美对方恰如其分,恰到好处,会让对方感到很舒服;但赞美多了,会过犹不及,使得赞美没有新鲜感,让对方吃不消,撑着肚子。

真正的赞美大师,非常懂得在赞美时控制好火候,将强弱分寸都拿捏得很得当,张弛有度,收发自如。物以稀为贵,就像一道人间美味,如果你给对方一些品尝品尝,他会觉得味道美得难忘。但是,给多了让他吃撑了,他也会难忘,只不过是想吐的难忘。

一天,化妆品推销高手玫琳·凯与朋友一起去逛成衣店,听到了旁边有一对女孩子在说话。两位女孩一位金发一位黑发。金发女孩买了一件新衣服,穿起来很好看,黑发女孩赞她:"刚才你放下的那件衣服,扣子挺漂亮的。"金发女孩突然有点生气:"那是什么破衣服,扣子难看死了,看看这个。"

第一章　跟美国第一夫人米歇尔·奥巴马学谈吐

这时,玫琳·凯和朋友走了过去。玫琳·凯面带笑容地对金发女孩说:"这件衣服的领子很漂亮,衬得你的脖子像高贵的公主一样有气质,要是再配上一条项链,那简直就完美极了。"金发女孩很高兴,因为她也是这么想的。她骂黑发女孩没有欣赏眼光,黑发女孩不服气:"我也是这么觉得的,只不过没说出来罢了。"

玫琳·凯对黑发女孩说:"其实你可以试一下这件,它特别能衬托出你优美的身材。"黑发女孩也高兴起来了。"当然,要是你们脸部的皮肤再稍微护理一下,会显得气质更加优雅。"三人就开始聊起了美容化妆的话题,这是玫琳·凯最擅长,也是最希望的。

后来,这两个女孩都成了她的忠实顾客。

有了适当的赞美机会,我们就应该说出来。反正谁都喜欢得体的赞美。继续欣赏一下,化妆品推销高手、后来的美国化妆品大王玫琳·凯是如何把握住每一个闪光点,恰如其分地赞美对方的。

玫琳·凯上门推销化妆品,女主人非常客气地拒绝了她:"对不起,我现在没有钱,等我有钱了再买,你看可以吗?"

细心的玫琳·凯看到了女主人怀里抱着一条名贵的狗,她知道"没有钱购买"只是对方拒绝自己的一句托词。于是,她微笑着说:"您这小狗真可爱,一看就知道是很名贵的狗。"

"没错呀!"

"那您一定在这个狗宝宝身上花了不少的钱和精力吧?"

"对呀,对呀。"女主人开始很高兴地为玫琳·凯介绍她为这条狗所花费的钱和精力。

玫琳·凯非常专心地听着女主人兴奋的介绍,并在一个非常适当的时机,插了话:"那是肯定的,能够为名贵的狗花费足够的钱和精力的人,一定不是普通阶层。就像这些化妆品,价钱比较贵,所以也不是一般人可以使用得上的,只有那些高收入、高档次的女士,才享用得起。"

女主人听后,很高兴地买下了一套化妆品。

很多人不知道怎么去赞扬别人,偶尔称赞别人一次,就跟半路杀出了一个程咬金似的,使对方毫无准备,不知道是怎么回事。赞美是一门艺术,合理的赞美有6个前提条件:

(1)要有根有据,不能言不由衷或言过其实

赞美要有根有据,如果言不由衷或言过其实,对方就会怀疑赞美者的真实目的。

(2)要雪中送炭,不要锦上添花

最有效的赞美不是"锦上添花",而是"雪中送炭"。最需要赞美的不是那些早已扬名天下的人,而是那些自卑感很强,尤其是那些被压抑、自信心不足或总受批评的人。他们一旦被人真诚地赞美,就有可能使尊严复苏,自尊心、自信心倍增,精神面貌也从此焕然一新。

(3)内容要具体,不能含糊其词

赞美要具体,不能含糊其词。含糊其词的赞美可能会使对方混乱、窘迫,甚至紧张。赞美越具体,说明你对他越了解,从而拉近人际关系。

(4)要恰如其分,不能掺一点儿水分

恰如其分就是避免言辞空泛、含混、夸大,而要具体、确切。赞美不一定非是一件大事,即使是别人一个很小的优点或长处,只要能给予恰如其分的赞美,同样能收到好的效果。

(5)要把握时机,不要拖延

赞美别人要善于把握时机,因为赏不逾时。一旦发现别人有值得赞美的地方,马上要发掘出来并当众表扬他,不要拖拉,也不必非要积累到一起再找时机表扬。事情就是这样,当其他人看到某人的成绩或优点时,嫉

妒心可能萌发,为寻求心理平衡可能会攻击或者找到攻击别人的理由。所以,赞美"留到以后再说",难度可能更大。

(6)要真心诚意,不能虚伪

有的人在赞扬别人时,只想着树立自己个人的威信,收买人心,实际上并没有表现出欣赏的诚意,无论是被表扬者,还是其他人都像被猴耍一般,这样的赞美根本不起作用。所以,赞美要表示出真心诚意。

富兰克林说:"诚实是最好的政策。"聪明的领导在表扬下属时,最好的方法就是要真诚。

5.不卑不亢,冷静处理突发状况

2013年6月4日,美国第一夫人米歇尔参加民主党全国委员会举行的一个募资活动。按照事前的安排,米歇尔要致辞20分钟。不料,就在她讲到第12分钟时,一位名叫艾伦·施图策的女同性恋者,突然在观众席上高声呼喊,要求奥巴马签署一项行政命令,以限制联邦承包商在性取向方面的歧视行为。

面对突发状况,米歇尔停顿了一下,只回应了简单的一句话:"我做不好这件事情。"随后,她走下讲台,径直来到施图策面前,与她四目相对,用极为平静的语气缓缓地说:"要么听我说,要么我走,听你说,只能选择一个,咱们不妨来听听大家的决定。"

这时,在场的听众纷纷要求米歇尔留下。于是,她回到讲台上继续讲演,而施图策则被带离了现场。事件发生后,56岁的施图策在接受媒体采

魅力 第一夫人教你的品位课

访时说,她着实被第一夫人的反应吓了一跳。

看到新闻很多人也都很惊讶于米歇尔的冷静与不卑不亢的说话语气。要知道,米歇尔一向是以温和贤内助的形象出现的,绝大多数选民都认为她亲切、真诚、爽朗,绝想不到第一夫人还有这么强势的一面。事实上,生活就是这样,它不会因为你是第一夫人、名门望族或企业高管就对你温柔以对,总会有些突发状况发生在你的周围,总有些尴尬你不得不面对。

在社交场合中,我们总是会碰到一些意想不到的事情,或是自己失言失态;或是对方反应与预想的不一样;或是周围环境出现了没有考虑到的因素等。这些猝不及防的情况,往往会令人啼笑皆非,狼狈不堪,进退维谷,陷入窘境。身处窘境,如何解脱?那就需要随机应变。生活中有很多这样的例子。

已经是某连锁公司大老板的王霞,有一次在社交场所被人讽刺教育程度太低,是暴发户,甚至有人讥笑她小时候穷困潦倒的模样。王霞不但不生气,还坦然地开玩笑说:"没错,我出身穷苦的家庭。我小的时候,别的小孩做模型飞机,而我是在做模型馒头。我们从来不穷,也没有挨过饿,只是有时会把吃饭时间无限延后罢了。"

遇到这种情况,千万不能保持沉默,否则就等于你默认了别人的讥讽,这将不利于你在人际交往中占据主动地位。如果这些行为是亲友、同事的玩笑话,那你不妨以同样诙谐的话予以"反击",不要用气愤和尖刻的话,那会显得你有失风度。对这些善意的围攻,幽默的自嘲就可以把你从困境中摆脱出来,以泰然自若的神情面对别人。这不仅不会使你受损,还会让你平添许多风采。表面上看是自嘲,其实是包含着自嘲者强烈的自尊、自爱的积极的交际手段,会增加你的交际魅力。

第一章　跟美国第一夫人米歇尔·奥巴马学谈吐

在交际场合,人身攻击之类的不愉快事件是难免的,尤其是身居高位的女人们,有意无意中多少会得罪一些人,遇到对方的讥刺和轻视,如果你不想哑巴吃黄连,那么,用回讽作为你的应变策略是必要的。因此,随机应变的口才就显得尤为重要。作为一名女领导,一定要具备这样的交际口才,要达到这一点,必须具备极敏捷的思维,这应得益于长期有意识的训练、学习和模仿。应急的语言技巧很多,下面介绍几种。

(1)转移话题,摆脱窘境

社交中,有时会遇到自己不想公开或不能公开,而别人又偏偏要打听的事;有时是自己偶然触及对方的伤痛、忌讳及隐私,出现了尴尬的局面。这时,以场景为媒介,迅速转移话题便是一种普遍有效的应急措施。

(2)不动声色,应对尴尬

尴尬局面的出现,往往是刹那间的事情,如果缺乏镇静,大惊失色,只会让你手足无措,乱上添乱。如果能在心理上保持平衡与稳定,神色不改、镇静自若地面对出现的问题,就有可能巧妙机智地应对尴尬。

(3)急中生智,自圆其说

话语脱口而出,一有疏漏,就应在瞬息之间,发挥随机应变的能力,寻找适应变化的情境和话题,修正自己讲话的内容,对话语进行快速而严密的变换、调整。

(4)运用幽默,巧解矛盾

在人际交往中,当矛盾发生时,幽默的语言在某些情形下会产生一种神奇的效果,使僵局冰释,使一个窘迫难堪的场面在笑语中消失。

6.做个聪明女人,敏感话题请绕行

在奥巴马竞选期间,米歇尔曾说:"这是我一生中第一次热爱美国。"这句话被对手抓住,说他们夫妇两人都是不爱国的极端自由派,这差点毁了奥巴马的前程。而今,米歇尔早已不同往日。在各种活动中她很少发表意见,开口也只是谈一些不具争议的话题,比如美容、社区服务、健康饮食之类,而且说话也"很有水平"。在一次接受电视采访时,米歇尔说:"白宫是一个美丽的家,当你外出归来时,看到这些灯火辉煌的建筑,它是那么美丽,我们感到了自己的责任。我们很幸运,可以住在这里,但它是属于美国的。"

总有记者会问米歇尔一些敏感话题,但这显然已经难不倒她了。比如,有记者问她,对共和党女强人佩林的看法,米歇尔回答说:"我和她不熟。"民主党参议院领袖里德在2008年总统大选期间曾说:"奥巴马有说服力,因为他肤色较浅,说话不像黑人。"他后来为这句带有种族歧视色彩的话道歉,而米歇尔说:"里德不需要向我道歉。我熟悉他,我判断一个人的标准是听其言,更观其行。"

作为一个信仰进步主义的女性,米歇尔对妇女堕胎等问题也闭口不谈。她和新闻秘书们都知道,她只要一开口,很快就会变成新闻,而且多半不符合白宫的"宣传口径"。现在,米歇尔对某些话题的敏感,已经达到高峰,连胡德堡枪击事件发生以后,她的表态也含糊其词。她知道,远离政治,不给丈夫添乱,就是最好的帮忙。

在我们的生活中,并不是所有的话题在任何时间、任何地点都适合拿来公开谈论,因此,要想在社交场合中建立起良好的口碑,赢得好人缘,你必须知道下面几个谈话的禁忌,从而在谈话中避开这些暗礁。

第一章　跟美国第一夫人米歇尔·奥巴马学谈吐

(1)不熟悉的人不讨论衣服价格等

与不熟悉的人交谈时不问对方衣服的质量、价格,首饰的真假等。如果在社交场合问及对方这些问题,会使人难以回答,甚至陷入难堪的境地。

(2)社交场合话题要高雅

社交场合不以荒诞离奇、耸人听闻、黄色淫秽的内容为话题,也不能开低级庸俗的玩笑,更不能嘲弄他人的生理缺陷,那样只会证明自己的格调不高。

(3)别把自己的隐私拿出来大谈特谈

虽说在与人交往时,适当地自我暴露可以拉近彼此的距离,但你的话题若一直围绕着自己的隐私,就会引起对方反感,觉得你是一个没有分寸的人。

(4)不要提别人的伤心事

不要和对方提起他所受的伤害。例如,他离婚了或是家人去世等。若是对方主动提起,则需表现出同情并听他诉说,但请不要为了满足自己的好奇心而追问不休。

(5)如果不是幽默,请终止

幽默是我们所提倡的,可不是每个人都会幽默。如果你的幽默言语经常让别人捧腹开怀,那么请继续;可如果你的幽默只会让别人铁青着脸离开,那么最好打住。

(6)不要随便评价别人

如果你实在忍不住要谈论谣言,去找你最贴心的朋友,不要向一个陌生人谈论他完全不感兴趣的话题。爱传播谣言的人往往以为每个人都和他一样喜欢评论别人。

(7)别总盯着别人的健康状况

有严重疾病如癌症、肝炎等的人,通常不希望自己成为谈话的焦点。不要做个大嘴巴,一看到大病初愈的人回来工作就大声昭告天下:"老李,你的肝病治好了?"这样,你只会成为对方最想"痛揍"的人。

(8)让争议性的话题消失

在涉外场合,一般不要谈论当事国的政治问题,除非你很清楚对方立场,否则应避免谈到具有争论性的敏感话题,如宗教、政治、党派等会引起双方对立僵持的情况。对某些风俗习惯、个人爱好也不要妄加非议。

(9)要杜绝在背后说他人的短长

与人交谈时不说他人的坏话,也不传闲话,这不仅是礼仪的需要,也是交往成功的保证。富兰克林在谈到他成功的秘诀时曾说:"我不说任何人的坏话,我只说我所知道的每个人的长处。"背后对人说长论短,这是最令人厌恶的事情。

(10)交谈中不要涉及令对方不愉快的事情

不愉快的事情包括"敏感事"和"隐私"。病痛、穷困、身体缺陷等都是让对方较为敏感的事,俗话说:"当着矮人不说短话。"这类话题不提为好。随着社会的进步,交往中对人们的隐私越来越尊重,在交谈中凡涉及个人隐私的一切问题均应回避。如:不询问女士的年龄、婚姻状况,不径直询问对方的履历、工资收入、家庭财产,不询问住址、电话等。

7.幽默,让女人的语言锦上添花

作为第一夫人,米歇尔·奥巴马一直以"贤内助"的形象示人,但她也有搞笑的一面,多次参加脱口秀、乱入视频,搞怪能力堪比专业谐星。

一个女人,她很温柔,很妩媚,很有智慧,善交际,如果她同时也很幽

第一章　跟美国第一夫人米歇尔·奥巴马学谈吐

默,总能令与她相处的人感到愉快,那这样的女人无疑是非常有吸引力的,她会吸引异性,而对同性也同样起作用。因此,幽默为女人的魅力起到了锦上添花的作用。

某人有十几年烟龄了。在一次朋友聚会上,大家都劝他把烟戒掉,告诉他肺癌都是吸烟引起的。可是他听不进去,还在那里向不吸烟的人宣扬吸烟的好处。

这时,一位女士走过来对那个朋友说:"不错,你说得很对,吸烟确实是有好处,而且好处还有很多呢。吸烟能预防小偷,狗遇到了吸烟的人都会躲着走,而且最重要的是吸烟的人青春永驻。"大家听完,很是疑惑,让她解释一下。

这位女士接着说:"这还不明白?吸烟的人在半夜的时候咳嗽最厉害,这时小偷也在活动,听到声音还敢进屋?抽烟的人身体都很虚弱,过早驼背,狗就怕弯腰的人,以为要捡石头打它,当然就躲开了。吸烟的人还容易得肺癌,能活多大年纪啊,可不就青春永驻吗?"

大家听完,哄然大笑。那个吸烟的人也无话可说了。此后,他经过努力也把烟戒掉了。

这位女士的话就是反语。她说了一大堆好处,实际上全是吸烟引起的坏的效果,不但反驳并劝诫了那个吸烟的朋友,也令人印象深刻。

幽默的女人大多富有人情味,性格乐观,谈吐风趣。懂得幽默,知道如何自我开解,懂得原谅,更明白如何轻松相处,幽默的女人即使身处逆境,也能够从容镇定,开朗豁达,让自己,也让他人能领略到不一样的风景。幽默的女人展示的是优雅,放下的是疲惫,带来的是快乐,感悟的是幸福。

那么,在日常生活中,怎样培养自己的幽默感呢?

魅力　第一夫人教你的品位课

(1)积极乐观的心态

幽默的心理基础是乐观,是积极向上的心态。一个悲观颓废的人是没有心情幽默的。要培养自己的抗挫折能力,做事情不怕失败,即使失败也要看到事情积极的一面,而不是一味地怨天怨地。

(2)自信

真正幽默的人,其实是自信的人,他们不仅不怕受人嘲笑,还非常善于自嘲,这种自嘲实际上是建立在自信的基础之上。

(3)敏捷的思维能力

幽默的人是智慧的,因为幽默常常需要机智。幽默的人观察事物有自己的角度,不因循守旧,对事物有自己的看法,观点新颖。因而常常语出惊人。

(4)要培养理解能力

真正的幽默,需要用心体会,更要能欣赏别人的幽默。

(5)语言表达能力

丰富的词汇有助于表达幽默的想法。如果词汇贫乏,语言的表现能力太差,那也无法达到幽默的效果。空闲时多看看幽默故事,机智故事,脑筋急转弯等,训练思维的敏捷性,丰富自己的词汇。

(6)博学多识

要多与人交往,多学习新的知识,有广博的知识才能天马行空,不拘一格。孤陋寡闻的人难有真正的幽默。

幽默可以让女人变得豁达开朗,对生活中的挫折能够更加坦然,绝不会灰心丧气。相反,那些不懂得幽默的人,一旦遇到挫折或困难,往往会把自己置于一个怨天尤人、自哀自怜的氛围中,这样固然可以获得他人的同情和帮助,可是长此以往,整个人就会显得情绪低落,看起来就如同怨妇一般,又有谁会喜欢呢?懂得幽默的女人则不然,她们往往能够口吐莲花,用幽默的语言轻松化解自己对环境的不满,从而很好地调节自己的心情,以乐观向上的态度向困难进军。

如果你想让自己成为随时随地都快乐幸福的女人，那么就学会幽默吧！让自己在幽默中散发出无穷的魅力，更好地去享受生活的乐趣！

8.勇敢开口，羞答答的玫瑰要大胆地开

在看了那么多关于第一夫人米歇尔·奥巴马的精彩表现之后，最令我们惊叹的还是她的勇敢。纵观米歇尔的所作所为，其实并没有什么惊天动地的大事件，她只是参与了一些关于妇女儿童、家庭生活、子女教育等跟普通人息息相关的活动而已。在这些活动上，她所说也没有什么豪言壮语，她所仰仗的，仅是借助第一夫人的平台勇敢地表达出自己的心声。女人若勇敢地表达自己，其实就是给自己一次机会，一次走向成功的机会，一次发现自我的机会，一次绽放生命的机会。

法国女小说家、传记作家莫洛亚说过这样一句话："漂亮的人怀疑自己的智慧，聪明的人又怀疑自己的魅力。"这句话说出了人们在社会交往中的一种恐惧心理。其实，任何人都不是完美的，如果你总是怀疑自己的魅力而不敢展现自己，就如同默默无闻的小草，永远也无法让别人关注到你。自我怀疑以及由此带来的胆怯是我们给自己设下的枷锁，必须要解脱这个心的枷锁才能走出困局。女人应当像绽放的花朵一样，发出夺目的光彩，而不是像小草一样默默无闻。

想要克服羞怯心理，勇敢表达自我，就要在社交场合中多多练习。派对和社交聚会对于你结交新朋友是非常好的，但是，你的羞涩若有碍你去同他们交谈，那要和他们交朋友就难了。对于如何在派对和社交聚会

上克服羞涩,下面这些技巧很有效。

(1)关注外界,消除无益想法

消极想法是问题的根源,而根除的唯一方法是用其他想法取代它们。关注外部世界,而不是让消极的想法在脑子里时不时地浮现。

如果你想消除那些想法,你可以问自己一些使大脑关注外界的问题。不妨这样问自己:"这里面什么是有趣的?"或者,"我能从中找到什么有趣的吗?"

(2)不要面对人群

如果你感到害羞,一种能让你感觉良好的方法,是避免站在最拥挤的人群里面对他们,试着站在人员稍微稀少的地方。

既然羞涩会造成大脑的过度兴奋,那你需要减少关注量。这样,即使你在人群很拥挤的地方,你也一定会冷静下来。一旦你不去关注人群,那么你就感觉不到压力了。

(3)简化你的沟通风格

羞涩也是因为你给了自己太多的压力。如果你想更舒心,试试大多数成功沟通者在使用的技巧。这种技巧主张言谈举止要更为随意,而不是去显摆。

交谈时,要表现得自己好像对很多事都不确定,或自己不想谈论过于严肃的话题,这会给你创造一种舒适的氛围,鼓励你进行低调的谈话。别人也会觉得你是一个随意开放,而不是一个虚伪势利的人。

(4)早点到,让自己熟悉环境

另一种克服羞涩的方法是早点到派对,和你看到的人聊聊天。早点到,点些吃的,同员工或酒保说说话。在其他人来之前,就让自己拥有一种在家的自在感觉。这个简单的小把戏会非常容易让你做到在整个晚上过得舒心惬意。

随着越来越多的人加入,你面对很多人时也会越来越舒适。这主要是

第一章　跟美国第一夫人米歇尔·奥巴马学谈吐

因为你做好了热身,并准备好了对话的情绪状态。

(5)鼓舞他人

派对使你羞怯的另一方面是你觉得每个人都知道彼此,这种观念通常来说是错的。受欢迎、嗓门大的人似乎会得到更多关注,如果你只把注意力集中到他们身上,就会很容易产生这种错误的观念。

与此同时,如果你留意到了其他人,你会看到有些人是单独来的,他们希望能结交到朋友。如果他们看起来很亲切,但在犹豫要不要和别人聊天,那就走过去寒暄两句,看他们有没有意愿聊天。

(6)准备B计划

想要在聚会上感觉良好,就需要避免那种"我必须得待在这里"的勉强感觉。比如说,如果你已经受到他人邀请,你可以提前对主人表示你可能要早些离开,因为你还有其他事要处理,这能让你克服羞涩,因为你知道如果你感觉紧张了,至少你可以离开。

就像商品做了广告会更畅销一样,女人只有积极地表达自己,才会吸引别人的关注,才能为自己创造更多机会。聪明的女人能够掌握好含蓄和张扬的尺度,游刃有余地在两种表达方式中转换。在一些需要展示自己的场合"含而不露",一味低调,其实是一种怯懦的表现。

小S是一个大大咧咧、口无遮拦、敢爱敢恨的女人。她从来不在乎别人怎么说她,是夸她还是骂她,是喜欢她还是讨厌她,她通通无所谓,她就是要做她自己。她可以勇敢地说:"从我有记忆以来,我就认为自己很漂亮,即使有那么多人说我姐比较漂亮,我也完全不把它当一回事,我很诚心地投入在自己是美女的世界里。"有多少女人能够在自己还是丑小鸭,在自己最不美丽、最自卑时,说出这样的话?在姐姐光彩的衬托下依旧能如此自信,小S可谓勇气可嘉。

小S的勇气还表现在爱情上。这些年来,她在感情上受过很多伤害,可

魅力　第一夫人教你的品位课

她偏偏是那种无论多痛都不会留下阴影的女人，失去一段再找一段，直到现在浪漫王子的出现。他儒雅、体贴，是个能给她安全感的男人，一段以倒追开始的爱情竟然开花结果了。

在爱情里太考虑自己面子的人是最难得到幸福的。小S又一次因为她的勇敢成功了。当他捧着大束的玫瑰和钻戒跪地求婚时，她哭了，像个在爱情里迷路的孩子找到了回家的路。

对勇敢的女人来说，她们的命运始终掌握在自己手里。女人是伟大的、勇敢的、宽厚的，当你漫步在那条纵贯古今、源远流长的中国母亲河时，你会聆听到那一曲千古吟唱、响遏行云的母爱绝唱，你会为作为一个女人感到无比骄傲与自豪。正是女人的孕育之痛，才换来了几千年骄人的中国文明；正是女人的无私负重，才换来了泱泱华夏的盛世繁荣。女人因勇敢而自信，也因勇敢而更美丽！

第二章

跟约旦王后
拉尼娅·阿卜杜拉学优雅

阿拉伯是男权世界，女人再美，也要罩在严实的黑纱里面，所有的生机，就是那黑纱缝隙里透出的一对水汪汪的大眼睛。如果说这是风俗的话，有位特立独行的女性，改变了世界对阿拉伯女性的成见。她被誉为"世界上最美丽、最优雅的王后"，她就是约旦哈希姆王国现任国王——阿卜杜拉的王后：拉尼娅。

拉尼娅是世界上最年轻的王后，她当上约旦王后的时候只有29岁。她也是世界上最美丽、最优雅的王后，她的脚步走到哪里，记者的镜头就跟到哪里。没有人能够抵挡她的魅力，就连见惯了各类美女的意大利著名服装设计师瓦伦蒂诺也不例外。瓦伦蒂诺至今难忘第一次见到拉尼娅的情景，他说拉尼娅打动他的是那种简约的美，她的装束甚至让这位服装大师也赞不绝口。

拉尼娅表现出了穆斯林妇女现代化的一面，彻底颠覆了西方世界的种种偏见。拉尼娅曾被美国《时代》周刊、意大利《时尚和娱乐》等知名杂志当作封面人物，甚至有西方媒体将她与杰奎琳·肯尼迪、戴安娜相提并论。更有甚者，干脆将她称为"阿拉伯世界的戴安娜"。早在2004年1月初，《你好》杂志网站曾公布一项民意调查，调查结果显示，在该杂志举办的一次"2003年最优雅女性"评选活动中，约旦王后拉尼娅·阿卜杜拉以32.3%的选票遥遥领先于其他歌星、影星，最后获此殊荣。

1.淡定从容,优雅地面对爱情

1970年,拉尼娅出生于巴勒斯坦裔的医生家庭,在科威特长大。拉尼娅从小就非常漂亮,但她却不像一般女孩儿那样,做着不切实际的明星梦。她的想法很现实,踏踏实实读书,接受系统的高等教育,希望将来当一名管理或政治经济理论方面的专家。

中学之后,拉尼娅在科威特国际学校读书,能讲一口非常流利的英语。毕业之后,她又进入美利坚大学开罗分校,攻读工商管理专业。1991年,大学毕业之后的她,只身赴约旦首都安曼,先在花旗银行进修,后来跳槽到苹果公司开发部工作。从小学直到工作,拉尼娅都非常出色,到苹果公司之后,她已经可以算是相当优秀的都市金领了。

追求拉尼娅的人很多,可惜她一直没有遇到意中人。1993年1月,属于拉尼娅的爱情天使终于来到了她的身旁。一次公司举办晚宴,这看上去是一次普通的宴会,但正是这个宴会,使得拉尼娅的命运发生了很大的转变。

宴会上,美丽的拉尼娅结识了牛津大学的高材生阿卜杜拉。刚开始,她并不知道这个年轻的小伙子就是约旦王子。他们聊得很开心,拉尼娅被阿卜杜拉的学识和风度深深地吸引了,而阿卜杜拉也深深地折服于这位漂亮女孩的智慧和幽默。要知道,漂亮的女孩同时拥有聪明的头脑是多么难得的事情,和她的谈话又是多么的惬意。王子显然对拉尼娅十分倾心,但她却保持了一定距离,她说:"想想看,他可是个王子呀。他喜欢谁,或许让人觉得受宠若惊。就因为他是王子,你也总难免觉得他可能是花花公子。"

第二章　跟约旦王后拉尼娅·阿卜杜拉学优雅

此后,他们两人开始频繁地约会,阿卜杜拉发现拉尼娅和其他阿拉伯国家女子的气质完全不同。她不会把自己蒙在黑纱的后面,而是喜欢穿着牛仔裤、裙子、高跟鞋,披散着一头极富光泽的棕色秀发,总是笑眯眯地、气定神闲地望着纷繁复杂的世界。阿卜杜拉越发地为她着迷,两个人很快坠入爱河,经历风风雨雨一直到今天,他们依然相守相爱。尽管约旦是中东地区的小国,可王储要想自由恋爱、最终娶心上人做王后,也没那么简单!阿卜杜拉国王和拉尼娅王后的婚姻,更像是一个完美的童话故事。

优雅地面对爱情,从容而又淡定;优雅地面对婚姻,幸福而又甜蜜。这些是所有男人和女人都极其渴望的美好——相知相爱相守,然后用一生去呵护。然而现实中,有多少人正匆匆忙忙地奔赴在一场又一场的寻寻觅觅中?有多少人在失望悔恨中体会伤痕累累?最后又有多少人得出"这世上根本就没有所谓的爱情"的荒诞理论?网上甚至有人抛出了这样的感慨:"这个社会太不淡定了,不是我们不渴望爱情,而是现在的感情中什么不靠谱的、离奇的情感事件都能发生,所以我们真没时间去谈一场坑爹的恋爱。比如,早恋都发生在初中了;《山楂树之恋》的纯爱只能是唯美的梦想式爱情;《裸婚》热播,引发无数人的共鸣,现实让我们体会到爱情没办法去与物质PK;'锋芝恋'又告诉我们金童玉女的梦幻爱情是不可能天长地久的;私奔让我们知道大叔为爱奔走之后还是要回归传统的;一些对异性失望的帅哥美女们都去选择同性恋了。我们真的没心情去谈那些不靠谱的恋爱了。"

然而,我们最优雅的王后拉尼娅用最美的爱情来向大家证明了没必要在青春最宝贵的时光里,满世界地寻找爱情,当你足够优秀时,爱情自会来敲门。

恋爱固然是人生中最美好、最幸福的事情,但只有当我们身心都已经成熟,并具有一定的事业基础的时候,我们才有资格,才有精力去采撷爱情的果实,才能充分享受到其甘美醉人的滋味。

在20世纪二三十年代的中国,有四对年轻人的爱情被戏称为"四佳配",钱钟书与杨绛就是"四佳配"之一。

1932年春,杨绛考进了清华大学研究院。在此之前,杨绛还在东吴大学读三年级时,她的母校振华女中校长就已经为她争取到了美国韦尔斯利女子大学的奖学金,打算送她到美国深造。

那个时代,出国留学应该是一件非常风光的事,而对于这样一个难得的机会,杨绛却犹豫了。杨绛出身于书香门第,她以前常听父亲说起留学的事。穷人家的孩子留学等于送出去做"人质",全力以赴,供不应求,好比给外国的强盗捉了去,由人勒索。如此这般,还不如在本国较好的大学里学习自己喜爱的文学。经过慎重考虑,杨绛告诉父亲她不想到美国留学,想报考清华研究院读文学。后来她果然考上了清华,还因此认识了钱钟书。她的父母便开玩笑说:"阿季(杨绛)的脚下拴着月下老人的红丝呢,所以心心念念只想考清华。"

杨绛入学时,在三年级读本科的钱钟书可谓赫赫有名。钱钟书名气相当大,新生一入校便都会知道他。但他的架子也很大,一般低年级的学生根本不敢冒昧去拜访他。所以,许多新生都觉得他很神秘,想一睹他的风采。

在一个风光旖旎的日子,杨绛结识了这位大名鼎鼎的同乡才子。杨绛初见钱钟书时,他穿着一件青布大褂,一双毛布底鞋,戴一副老式大眼镜。

钱钟书的个头不高,面容清癯,虽然不算风度翩翩,但他的眼睛却炯炯有神,目光中闪烁着机智和自负的神气。而站在钱钟书面前的杨绛虽然已是研究生,却显得娇小玲珑、温婉聪慧而又活泼可爱。钱钟书侃侃而谈的口才,旁征博引的记忆力,诙谐幽默的谈吐,给杨绛留下了深刻的印

第二章　跟约旦王后拉尼娅·阿卜杜拉学优雅

象。两人一见如故,谈起家乡,聊起文学,兴致大增,不知不觉中发现两个人确实是挺有缘分的。

原来,1919年8岁的杨绛曾随父母到钱钟书家做过客,虽然没有见到钱钟书,但现在却又这么巧合地续上"前缘",这不能不令人相信缘分!而且,钱钟书的父亲钱基博与杨绛的父亲杨荫杭都是无锡本地的名士,被前辈大教育家张謇誉为"江南才子",又都是无锡有名的书香世家。真所谓"门当户对,珠联璧合"。当然,最大的缘分还在于他们两人文学上的共同爱好和追求,性格上的互相吸引,心灵的默契交融,这一切使他们一见钟情。

正是"当时年少青衫薄"的时候,这位清华才子与这位"清水芙蓉"的南国佳人相爱了。他们没有在花前月下卿卿我我,而是在学业上互相帮助,心灵上沟通理解,文学成了他们爱的桥梁。钱钟书的名士风度、才子气质,使他们的恋爱独具风采。

钱钟书会隔三差五地约杨绛写诗,有一首竟融宋明理学家的语录入诗,他自己说:"用理学家语作情诗,自来无二人。"其中一联:"除蛇深草钩难着,御寇颓垣守不牢"中,他把自己的刻骨相思之情比作蛇入深草,蜿蜒动荡却捉摸不着;心底的城堡被爱的神箭攻破,无法把守。宋明理学家最主张"存天理,灭人欲",而钱钟书却化腐朽为神奇,把这些理学家道貌岸然的语录"点石成金""脱胎换骨",变成了自己的爱情宣言。这种特殊的恋爱方式恐怕也是独一无二的吧!

1935年夏天,钱钟书与杨绛在无锡七尺场的钱家新居举行了婚礼。两家父母按照旧时结婚的规定为他们选定了"黄道吉日"。两家都是江南很有声望的名门之家,钱钟书又是长房长孙,因此,婚礼张灯结彩、披红挂绿,办得极为隆重。

钱基博老先生对这门亲事大为满意,因为杨绛是猪年出生,老先生特地把自己珍藏的汉代古董铜猪符送给儿媳,作为祥物,祝他们两人在以后的岁月里吉祥如意。

钱钟书夫妇的感情融洽早已传作佳话。自1935年结为百年之好后,半个世纪以来相濡以沫。有时,就算他们不得已分开,也总是书信不断。杨绛有文章记叙:抗战期间,钱去内地,杨留在上海,钱一路上都有诗寄给夫人;十年动乱中,钱作为先遣队员先下干校,杨暂时留在北京待命,钱到乡下后得空就写家信,三言两语,断断续续,白天黑夜都写。

不知这些精彩的"两地书"能否在某一天公布于世。但无论如何,二人如神仙眷侣般的传奇早已随他们的著述永垂青史。他们的传奇爱情故事,也无可辩驳地告诉我们:淡定从容,优雅地面对爱情,面对生活,是最美好的事。

2.书香脉脉,让书籍滋养你的心灵

很难想象,作为一个国家的第一夫人,4个孩子的母亲,同时还要支持慈善活动的拉尼娅能有多少闲暇时间来读书呢?让人跌破眼镜的是,这位优雅的王后不仅热爱阅读,还有精力写儿童书,并且是一名畅销书作家。与日理万机的第一夫人相比,我们这些芸芸小女子又有什么理由和借口说自己"忙到没时间看书"呢?

爱默生曾说:"优美的身姿胜过美丽的容貌,而优雅的举止又胜过优美的身姿。优雅的举止是最好的艺术,它比任何绘画和雕塑作品更让人心旷神怡。"

第二章　跟约旦王后拉尼娅·阿卜杜拉学优雅

一个气质优雅的女孩,并不是上天的恩泽,而是后天修炼的结果。这一切主要来源于智慧、知识和修养。书是人类最好的朋友,是人类智慧的来源;读书不仅使人睿智,而且可以塑造优雅的人生。

女人真正的美丽源自于心灵的智慧,阅读的力量即在于充实我们的精神空间,滋养我们的心灵,给我们带来圆融的生命智慧,这才是对女人生命最恒久的化妆。

阅读是心灵的对话,思想的放牧,也是开启心智的钥匙,更是我们获取心灵满足与快乐的源泉。在阅读中,天上人间,尽收眼底;五湖四海,就在脚下;古今中外,醒然可观。阅读,让我们懂得什么是真、善、美,什么是假、丑、恶;阅读,让我们丰富自己,升华自己,突破自己,完善自己。

真正的美丽是源自于心灵的智慧,而且美丽的精神伴随女性的成熟而日渐丰厚。拥有丰厚的内涵和扎实的"功底"非常重要,因而从阅读中汲取滋养心灵的营养和智慧就成为女人的必修功课。

撒切尔夫人在一次公众演说中说:"智慧是优雅女性必备的素养。"可见,是智慧成就了优雅的内在,任何一位女性的优雅与美丽都必须以智慧做底,否则,外在的优雅只是一个易碎的玻璃外壳。一个人的智慧、才华、灵气是生长在一定知识平台之上的,知识越多,女人智慧的底气就越丰厚,美丽也就越能脱出拘谨,成就大家风范。

一个女人最具魅力之处,即在于心中藏有一座开掘不尽的精神矿藏,它有能力让自己的美丽与时俱进,任岁月渐长,亦能给人一种常新的迷人魅力。想要获取这种魅力,秘诀就是内外兼修,从美心开始打足底气,持之以恒地积累自己美丽的资产。而阅读诗书,正是充盈智慧、美丽终身的途径所在。

到美容厅去只能进行外表的美容;到图书馆去读书,那是心灵的美容。一个人的相貌是天生的,再高明的美容师也无法将丑变为美,可心灵的美容却可以。心灵的美容,能使人风度高雅,气宇轩昂,远胜过胭脂口

魅力　第一夫人教你的品位课

红的妆点和服饰的高贵豪华。

一个人要想把自己打扮得漂亮，打扮得可爱，就去读书吧，这是世界上一流的美容。

爱读书的女人，她不管走到哪里都是一道美丽的风景。她可能貌不惊人，但她有一种内在的气质：优雅的谈吐，超凡脱俗，清丽的仪态无须修饰，那是静的凝重，动的优雅；那是坐的端庄，行的洒脱；那是天然的质朴与含蓄混合在一起，像水一样的柔软，像风一样的迷人，像花一样的绚丽……

有人说："世界有十分美丽，但如果没有女人，将失掉七分色彩；女人有十分美丽，但远离书籍，将失掉七分内蕴。"读书的女人是美丽的，"腹有诗书气自华"是人人都明白的道理。书是女人修炼魅力之路上最值得信赖的伙伴，依靠它，你将不再畏惧年龄，不会因为几丝小小的皱纹而苦恼几天。因为，你已拥有了一颗属于自己的独特心灵，有自己丰富的情感体验，你的生活，你生活中的点点滴滴，将会书香四溢。

书籍是人类智慧的结晶，不管你现在的生活状态如何，读书都是提升你魅力指数的重要路径。读书，特别是阅读那些出自大师之手的书籍，就是一次与大师的对话，与智者的交流，即便你不能完全理解，也是一次难得的精神之旅，一定会在什么时候，在那个你自己也不曾注意的瞬间，就表现出来了。那些经过岁月淘洗而依然被奉为经典的著作，是所有希望自己有魅力的人都必须要接触的，即便不能一下子达到大师的境界，也一定会有自己的理解，这已经是一笔不可轻视的财富了。智慧、灵气、锐气，就在这一次次的阅读中自然获得了，胜过那许多空洞的追求。

还有一类书，适合与阳光、小雨、清茶作伴。在暖日洋洋的午后，在小雨淅沥的清晨，在你舒适的书房或者阳台，泡一杯清茶，随意而坐，捧起一本书，你的休闲时光就这样惬意地开始了。或者是一本小说，或者是你喜欢的作家的随笔集，又或者是一本配有作者心灵抒怀的赏心悦目的画

第二章　跟约旦王后拉尼娅·阿卜杜拉学优雅

册,捧起来,你的思绪不再乱,你的心情不再浮躁,你的心暂时远离了尘世的喧嚣,进入了超凡脱俗的纯净空间。书籍不是美白祛斑的特效化妆品,但它的功效却超过一切涂在皮肤表面的东西,它美化了你的心灵,提升了你的气韵,让你容光焕发,魅力绽放。

还有一种广义的书,也是需要你花时间阅读的,我们可以把它们都叫做"阅读品"。比如,你要看报纸,了解时事;你要浏览专业杂志以便更出色地工作;你要定期购买文化类、生活类的期刊,让自己紧跟时尚、解读潮流;你要音乐的灵魂来安抚你的内心,你的耳朵也需要"阅读";你要关心新上映的电影,不忘给自己视觉和听觉一点享受;你还要带着灵敏的鼻子到网上冲浪,去捡拾那些晶莹的浪花,让自己永不枯竭……

优雅女人总是充满书卷气息,有一种渗透到日常生活中的不经意的品位,谈吐中超凡脱俗;有一种不同于世俗的韵味,在人群中超然独立;有一种无须修饰的清丽、超然与内蕴混合在一起,像水一样柔软,像风一样迷人。

作家林清玄在《生命的化妆》一书中说到女人化妆有三个层次:其中第二层的化妆是改变体质,即让一个人改变生活方式、保证充足的睡眠、注意运动和补充营养,这样她的皮肤会得以改善、精神充足;第三层的化妆是改变气质,多读书、多欣赏艺术、多思考、对生活乐观、心地善良,因为独特的气质与修养才是女人永远美丽的根本所在。

心灵的成长是人的一生中最基本和最重要的。心灵的成长需要滋养,如果你关注她,持续不断地滋养,她的成长会是良好和健康的,否则心灵也会像人的肌体一样萎缩和退化。

不注意扩展自己心灵的女人会被抛弃在自己狭小的天地里。曾经看到不少40岁左右的中年女性,整日生活在抱怨和恐惧中,恐惧失去功成名就的男人,抱怨情感的失落,痛恨生活中可能在她的男人身边出现的其他女人。她们将年龄当作了生命的终点,总以为情感的失败和失落,缘于自己的年龄和衰老,心灵变得越来越狭小。其实,对注重心灵滋养的女人来讲,生活是永无止境的精神之旅。

女人要养成读书和读好书的习惯。要尽可能把更多的时间用在阅读名著上,那些娱乐的、通俗的书籍会被时间淘汰,保留下来的已经不仅仅是一本书,而是人类思想和经验的精华。读好书,会花掉更多的时间,但你是在与伟大的思想和不朽的经验碰撞和交流。不管你有什么样的学历和教育背景,都可以通过阅读接受教育,改变人生。阅读是一种丰富的精神旅程,一旦你养成了阅读的习惯,投入其中,你会体验到什么叫滋养和心灵的成熟。

女人容易缠绕在琐碎的事务中,让心灵变得荒芜,甚至庸俗,而阅读是促进心灵滋养和成熟的必经之路。唯学能提升气质,唯书能永葆魅力,滋养女人的心灵。

3.把握平衡,工作家庭面面俱到

29岁的拉尼娅·阿卜杜拉成为约旦王后之后,她的优雅与美丽被认为与肯尼迪夫人和戴安娜王妃齐名,而世界对她的兴趣更多地缘于她来自于阿拉伯世界,她的出现打破了人们对穆斯林女性的刻板印象。

拉尼娅学生时代的经历,让她对无家可归和饱受颠沛流离之苦的中东人产生了天然的同情,改善国民的生活质量成了她日后工作的一个重点。另一方面,在美国大学的学习和花旗银行的工作经历,让她接触到一些西方生活方式和思想观念。成为王后的拉尼娅在国际上亮相时,时而

第二章　跟约旦王后拉尼娅·阿卜杜拉学优雅

一副高级白领的打扮,时而又像一个好莱坞明星,与众不同的是,她身上散发着王室特有的魅力。

像任何一位约旦王后一样,拉尼娅作为王后,在约旦宪法中是不享有任何官方角色及权利义务的。但她却选择了通过"王后"的身份,为各种重要的社会事务及慈善事业作贡献。由于丈夫的支持,拉尼娅全权代理国王领导的人权部门。由此,她在约旦各项人权活动中,开始亮出自己的声音。例如,她曾提案要修改约旦的离婚法律。2002年约旦议会通过了一系列临时法案,赋予妇女提出离婚的权利,可惜的是两年后被废除了。

除离婚权利外,拉尼娅还加入了其他维护妇女权益的活动中,其中还涉及颇具争议的"荣誉谋杀"。在约旦,如果妇女有不端庄、被性侵犯或被怀疑有婚前性行为等"不允许的行为",她们就会被男性亲属杀害。而在约旦法律内,这种"荣誉谋杀"都是从宽处理的。一般的谋杀可能判死刑,但一旦认定是"荣誉谋杀",可能坐几个月牢就能获释。拉尼娅大力呼吁停止这项残忍的传统,受到了众多积极分子的支持。

拉尼娅是典型的"现代派",她热衷于新鲜事物,她是把互联网教育引进中东的第一人。此外,她为女性在议会和内阁中争取座位,甚至和其他王室女性,出现在抗议以色列军事行动的游行队伍里……

所有人都发自真心地尊重这位王后,不是因为她的美貌,而是因为她的知性与优雅。

拉尼娅王后曾不止一次的公开表示:"王后不是个头衔,是份工作。""我是一位职业女性。"在所有的光环之外,拉尼娅认为她最重要的角色是她四个孩子的母亲。"如果你意识到这一点,并且确保你有时间花在你自己的生活上,你就能处理好它。"她说,"我想,对外界来说,人们不希望我过一个正常的生活。但如果你了解它,你会明白它实际上就是一个正常的生活。"作为阿拉伯世界的一位女性领袖,拉尼娅非常清楚自己的魅力所在,对于她来说,美也可以是一种力量。拉尼娅也懂得用迂回和温婉的方式,来实现自己的主张,正是这种在传统与开放、事业与家庭之间出色的平衡能力,使她与众不同。

对于现代职场女性来说,要一边抚养孩子一边兼顾事业,是件相当不容易的事情。女人们在辛苦照顾孩子的同时,还得小心翼翼地工作,更不得不放弃许多有挑战性的任务甚至是升职机会。网络在线调查显示,近60%的职业女性表示工作占据平时生活至少一半时间,27.6%的职业女性担心自己事业上的成功会影响到自己的家庭。

可是,如果你同时还是个有野心的职业女性,一定会对目前这种状态心怀不满,不仅因为你需要更多的收入和升职带来的个人成就感,更因为你身处在一个如果没有不断提升自己就会渐渐落后甚至被淘汰的职场环境中。如果你正处于一种家庭与事业的双重轨道上,而你既想要承担照顾孩子或赡养老人的责任,又想在事业中成为赢家,你该怎么办呢?下面这几个方法也许能帮你搞定这两件事。

(1)建立规则

柳曼筠是一家跨国企业的总经理,同时还是一位五岁孩子的母亲,她对工作有自己的一套原则:"我的员工都知道,我会尽量把晚上和周末的时间留给家人,但如果需要的话我会在孩子睡觉后在家中加班一两个小时。"作为公司总经理,柳曼筠的工作量大得令人惊叹,她不仅要监督检查整个企业的业务拓展、客户关系、战略项目管理,还得负责各种项目的执行和落实、员工培训以及人力资源。

为了赢得更多和家人交流的时间,柳曼筠在工作日里每天下午五点会离开公司——最迟不超过五点半,以便及时到家和丈夫孩子一起吃晚饭,而每个周五她都会在家办公。当然,在员工和公司需要时,柳曼筠还会在孩子入睡后,继续工作一段时间。

"你得坐下来跟家人好好聊聊,告诉他们为什么你必须要在孩子睡觉后继续工作,因为只有这样你才能保证不被落在后面。"

第二章　跟约旦王后拉尼娅·阿卜杜拉学优雅

(2)发掘其他的可以成长的方向

对于另外一些家庭经济负担较重的职业女性来说,职业的成长也许可以用"企业阶梯"以外的标准去衡量。如果你愿意在职业轨道上考虑一条非传统意义上的道路,你的机会其实有很多。

例如,你可以继续待在原来的职位上,但同时选择一些更高级别的项目来做。要做这样的项目,你需要在工作中表现得更有进取心和创造力,这样你就可以在工作时间专心投入项目,而这个项目也会带给你更可观的收益。

想想看,你有哪些特殊技能,然后在那些与你的技能相关的价值较高的项目上多花些时间,这是值得的。

(3)找到正确的支持方式

在你继续追求事业发展的同时,如何让家人和你站在同一战线上呢?这里有两个非常重要的技巧,一是让你周围充满能帮得上忙的人,二是找一个足够珍惜、尊重你的伴侣,让你能够管理自己的工作日。

对于柳曼筠来说,家庭义务是一条双向道。当她必须以工作上的事为主时,她说:"我的丈夫会为了我调整他自己的日程表,而且我父母住的地方离我家也不算远。如果没有他们,我绝对不会在事业上取得这么大的成功。"

审计经理安娜的技巧是选择能在工作时间上给予员工相当大灵活性的"四大会计事务所"中的一家。这位四个孩子的母亲说:"孩子们上学的时候,我可以每周工作五天,每天六到七小时。而暑期来临,我可以工作一整天,每个星期休一两天。不过即使在休息的时候,我也会尽量保持网络在线,接客户的电话,也会定时查看邮件。"

如果你肯仔细观察一下,一定还会发现很多技巧,可以让女人在职场与家庭之间平衡地优雅前行。只要用心,就没有做不到的事。

4.年龄不是压力,享受岁月的馈赠

2014年8月31日,约旦王后拉尼娅迎来了她的44岁生日,美貌与智慧并重的她看起来风采不减当年。很多人都以为年龄是女人最大的敌人,对此,拉尼娅却显得无比轻松从容,在她看来,年龄不是问题,"我内心很年轻"。她在接受美国名嘴奥普拉·温弗瑞采访时说,"很多人以为,时间是最大的敌人,但对我而言并非如此,要看你怎么理解时间与生活。随着时光的沉淀,我发现自己越来越自信,越来越稳重,不会纠结小事。所谓'变老是坏事'的看法是错误的,我没想着要对抗年龄,我只会忙于当下,接受它,享受它。"

李银河说:"一个女人要想幸福和快乐,必须超越年轻和美貌,必须在年轻和美貌之外还有价值。一个内心永远年轻,永不停步、不断追求并勇于突破自我的人,永远不会老去。那些随岁月流逝依然美丽不减的女人,无不深谙此道。岁月无情,世上从来没有一款真正的不老仙丹,可以逆转时光,阻止容颜的老去。"

再价值连城的化妆品,也没有办法将五十岁的女人真正变回十八岁。这是岁月的残酷,也是女人的悲哀。正因如此,如何留住青春与美丽,便成了女人生命中最重要的事业。相对于男人来说,女人更害怕老去。因为女人比男人更害怕失去爱,害怕随年老色衰而带来满目苍凉。所以女人更需要学会优雅地去享受岁月的馈赠。

我们很少用"优雅"称赞年轻的女孩,女人的优雅需要岁月的沉淀。优雅是在经历一些事情,有了丰富阅历之后的一种很自然的魅力显现,是宠辱不惊的从容和大度,是懂得感恩、容易满足的心情,这些无疑是很多

第二章　跟约旦王后拉尼娅·阿卜杜拉学优雅

年轻女孩不具备的。

优雅不是与生俱来的,而是一种修养,是知识和经历的体现,通过不断积累、日益强化,渐渐成为我们生命里的一部分,成为我们灵魂里最闪亮的东西。而随着年龄的增长,逝去的是青春和我们的容颜,留下的却是永恒的优雅的气度。优雅如同天空,宽容而博大;优雅如同阳光,灿烂中渗透着亲和;优雅如同月亮,没有火样的热情,却有一股清凉的余晖让你产生无尽的幻想。

作家毛姆的老年是优雅的。八十寿辰时,摄影记者觉得相片上的寿星过于苍老,建议做点儿技术处理,毛姆断然拒绝:"我花了80年时间才有了这些皱纹,怎许你在两分钟之内把它抹掉呢!"

张爱玲也是优雅的,她创造了中国文坛的绝美神话,仅两年又彗星般地归于沉寂。有人说:"只有张爱玲才可以同时承受灿烂夺目的喧闹与极度的孤寂。"她的老去,是一种贵族式的优雅。

"愿你生命中有够多的云翳,来造成一个美丽的黄昏。"冰心的话里透着哲理。老艺术家秦怡,尽管经历了来自婚姻和家庭的不幸,但是她那种优雅的举止,坦然的目光,淡定的神态,是别人模仿不来的。

岁月不会因为人们的留恋而停滞,光阴也不会因为人们的意愿而倒转。昨日,还是青春昭华;今天,便已是岁月苍老。时光,只是一个转身的距离。既然我们无法对抗岁月的无情,那么,何不以一种优雅的姿态,从容地面对老去!

我们所要做的是每一天清晨,推开窗,让第一缕阳光照进心怀,打扮好自己,轻盈地走在洒满晨光的路上,让路边的树木,城市的容光,匆匆的行人,都变为眼中的风景……一天、一天、一年、一年,就这样从物欲中走出,从繁华中走过。淡定、从容、宁静地走下去,心中满是对生活的欢喜,对生命的热情。

生活需要沉淀,生命需要淡定,更需要灵魂的云淡风轻。面对衰老,岁月的洗礼,让我们能活得通透、平和、宁静、优雅。任光阴荏苒,任青丝染成白发,平静地直面逝去的时光,以一份从容的淡定品味每个季节的独特芳香。以一份淡然的心态看云卷云舒,看花开花落,把那份美丽融化在生命中,跨越生死,优雅地老去……

岁月可以夺走财富、金钱、地位,夺走美貌年华和青春岁月,甚至夺走健康的体魄,但它夺不走一个人沁入骨髓的高贵优雅……那么,就让我们顺从岁月,优雅地微笑着变老吧。

5.细节至上,别让小毛病破坏好形象

不管在哪种公开场合,拉尼娅华丽的服饰、优美的身材、迷人的微笑,都令所有来宾为之倾倒。拉尼娅堪称现代女性的典范。多年来,她为了维护妇女儿童的权益,八方奔走,积德行善,造福一方,自然更具人格魅力。所谓"世界上最美丽、最优雅的王后",绝不仅靠一张俊俏的脸蛋儿。

如拉尼娅般真正优雅的女子,即便女人看到了也会心动。她懂得在什么场合穿什么衣服,懂得什么时候该告辞,什么时候该沉默。她能把这一切做得很自然,仿佛事情就该是这个样子的。这样的女人是智慧的。

但是,这样的女人毕竟不多。我们常常看到一个女人众目睽睽之下隔着裙子提脱落下去的丝袜,和男同事开过分的玩笑,穿了双旅游鞋还想进西餐厅……这些致命的细节,让一个原本美丽的女人完全失去了吸引力,可她自己往往还蒙在鼓里。

作为女人,一定要重视交际细节。细节就是那些看似平常却又绝对不

第二章　跟约旦王后拉尼娅·阿卜杜拉学优雅

能忽略的东西,它是女人嘴角恰到好处的一颦一笑,它是女人一举手一投足的优雅气质,就是这些不起眼的细节,在不着痕迹之处隐隐折射出一个女人的优雅美丽。

(1)打个优雅的业务电话

白领的日常工作常常要打电话,打电话和文件制作、业务处理一样,都要占据你大部分的工作时间。不过,打电话方面的礼仪往往会被我们忽视。要知道,忽略礼仪的电话应对,会比直接见面时的应对不周,更容易使对方不快。一个人在电话中的言语也足以表明这个人的修养与内涵,适当而正确的电话应对,不仅可以树立你的良好作风,更可以提升企业的形象。

黎娜就很会给客户打电话。每次给客户打电话前,黎娜都会做一番小小的准备,比如对方公司的具体名称、联系人的姓名,以免称呼错了给对方留下不好的印象。对于谈话内容,黎娜也会列出几个要点,记在纸上提醒自己,浪费客户时间是很让人反感的。当然了,必要的资料和文件也要准备好,以便随时应答客户的提问。黎娜打电话从来不啰唆,谈论问题表述简洁、准确,一般三分钟就可以搞定。

打业务电话还需要注意时间,原则上是,早晨9:00以前、晚上9:00以后以及吃饭的时候不要打电话。如果有急事,无论如何也要在这个时间打电话,一定要先说:"对不起,这么早给您打电话。"或者"这么晚打电话,打搅您了。"

打电话时必须确认对方的电话号码。如果不小心打错了,一定要道歉。"对不起,我打错了。""打扰您,很抱歉。"然后仔细检查是哪个号码错了。

在公司打业务电话时,应对自己举止有所要求。记住,不要把话筒夹在脖子下,也不要趴着、仰着或坐在桌角上打电话。拨号时,不要以笔代手,通话时,不要嗓门过高,终止通话放下话筒时,应轻放。另外,要待对方挂断电话,自己再挂断,这也是一种礼仪。

(2) 整洁的外表

可以不是满身名牌,可以不是追逐时尚的弄潮儿,但着装一定要整洁、大方,这是一种尊重他人也尊重自己的做法。粉底太厚的脸,不小心弄花的妆,过于浓烈的香水味,肩膀上掉落的头皮屑,着正装时隐约露出的白袜子,褶皱的上衣、裙装,钩纱的丝袜以及斑驳脱落的指甲油,都是很糟糕的细节失误。出门前一定要在镜子前反复审视自己,别让美丽自信的你被这些小细节打败!

(3) 必须遵守Dresscode(着装标准)

在这个彰显自我的社会中,个性往往成了我们前进的源泉,但不同场合的着装还是别"太个性"为好。你可以说自己喜欢嘻哈摇滚风,也可以追求恬淡的森女系列,但是参加诸如婚礼、晚宴、宴会、聚餐等正式场合时,最好事先了解Dresscode,穿着符合活动主题的服饰,这是一种基本的礼貌。穿着拖鞋短裤参加婚礼的人既是贬低自己的身份,也是对在场所有人的不尊重。

(4) 不要长时间盯着人看

互相介绍认识的时候,作为被介绍人要起立,微微弯腰,主动握手并正视对方的眼睛,以表示重视和尊重,但绝对不要盯着对方超过6秒!不论对方穿戴和长相多么吸引你,也千万不要死死地盯着对方看个没完,这会让对方感到很不舒服和来自你的敌意。

(5) 距离产生美

《恋爱心理》中认为:亲近距离的上限是45厘米,那是留给恋人、父母、子女或是极亲近朋友的距离。对待陌生人或不是很熟悉的人,只要空间允许,最好大于45厘米,这是因为过近的距离会让对方觉得有压迫感和

第二章　跟约旦王后拉尼娅·阿卜杜拉学优雅

被侵犯的感觉,而且过近的距离可能会让人感觉到身上的热气和气味,会给对方不愉悦的感觉。公共场所里(乘电梯、排队、乘公共交通、过马路等),尽量与他人保持45厘米以上的距离。

一个人的文化程度并不能决定一个人的生活习惯,哪怕是大学毕业的白领阶层,也能够在熟视无睹的环境中,让那些不雅的举动变得肆无忌惮、大行其道。所以,要想成为一个举止优雅的女人,万万不能在别人的"纵容"中破坏了自己的形象。

6.悦己悦人,微笑是女人最美的妆容

每当看到拉尼娅王后甜蜜温柔的微笑,人们都忍不住为她送上各种溢美之词。微笑往往给人一种友善、平和、优雅、礼貌的感觉,而别人还以你的微笑往往也会让自己感到舒适。你可以没有貌若天仙的脸蛋,也可以没有让人侧目的身段,但微笑一定是你最美好的名片。即使你心情糟透了,也别让"负能量"四处乱窜,表情平和、眉头放松即可!

奔行在人生的旅途上,你什么都可以不带,但不能没有微笑。它会随时赋予你新的生活内涵,将怯懦化为勇敢。微笑的女人,是女人中的艺术精品。蒙娜丽莎的永恒的微笑足以让一代又一代的人为之着迷,那个永恒的微笑里蕴含着深情的爱,让人从眼里到心窝里都是甜蜜的影子。

微笑,不用花上一分一文,产生的效果却多很多。得到微笑的人,可能会因此更加富足,给予别人微笑的人却不会因此而变得贫穷。微笑只是短短的一瞬,但是它留下的记忆有时却能永存。不论谁多么富裕,也不论

魅力 第一夫人教你的品位课

谁多么贫穷,仍少不了微笑。富人也好,穷人也好,都会因为微笑而变得富有。可是,微笑却不能销售、租借和窃取。因为在被给予之前,微笑毫无作用。那些不再有微笑给予别人的人,比任何人都需要微笑。

如果你觉得你花很多钱买了漂亮的服饰、贵气的珠宝,就能使自己更迷人,那还不如使用微笑。微笑不需要花钱,而且可以随时随地地运用,还能让你在很短的时间内就得到别人的认可。

微笑是女人最美好的面部表情,因为心情好的时候我们才会微笑。那些像太阳花一样绽放开来的微笑,说明我们心情愉快,对自己很欣赏,说明我们带有积极向上的人生态度,说明我们能斗志昂扬地面对生活中的苦难。当我们保持乐观且积极向上的心情时,我们自然而然也会感染到身边的人。

辛迪·克劳馥说:"女人出门若忘了化妆,最好的补救方法便是亮出你的微笑。"微笑是一种积极的心理暗示,是一种优雅的礼仪,我们要做进化论中坚强的快乐的物种。所以,女人们,为化妆包减重吧,如果需要补妆,请用微笑,那是无与伦比的美丽。

那么,女人应该怎样来发挥微笑的魔力?怎样恰当地来运用微笑这个极具杀伤力的武器呢?

(1)不需要特意装出微笑

微笑,应该是发自内心的,因为你的笑容表达的是:我喜欢你,我很高兴见到你,你让我开心。笑容使你显得大方热情、值得信赖,让人觉得和你在一起很愉快,你对他是尊重的。

但是当你心情不好的时候,或者笑不出的时候,千万不要勉强自己装出微笑,这样的微笑会让人觉得虚假。

所以,女人一定要记住,你该是什么表情的时候就是什么表情,没有笑容也千万不要勉强自己微笑。任何一个人都不喜欢戴着假面具的女人。

第二章　跟约旦王后拉尼娅·阿卜杜拉学优雅

(2)不要吝啬你的微笑

微笑是一种不花钱就能获得的魅力。所以，从现在开始，学会微笑，以微笑来面对你身边的人。每天出门的时候，请保持微笑，别忘了对你的家人说再见；遇上陌生人，请保持友善的微笑；请给帮助你的人一个衷心感激的微笑；请给那些不幸的人一个鼓励的微笑；请给下班归来的丈夫一个温暖的微笑。

(3)时刻保持微笑

时常微笑，会让人觉得你是一个有修养的女人。面对不同的场合、不同的情况，如果能用微笑来接纳对方，可以反映出你良好的修养和挚诚的胸怀。这种诚挚的感受会让你获得比自己想象中还要多得多的美好情感。一个时常微笑的女人，可以让人在无形中放下心灵的负担，放下那些戒备性的想法。

(4)把微笑当作一种沟通的语言

一个人要想得到别人的认可、尊敬和喜爱，要付出很多的努力，可微笑却会让这一切来得更迅速。微笑是男人和女人之间沟通的金钥匙，全世界的人都知道微笑是最好的沟通方式。微笑使人脸上透着安详、慈善，它就像一剂镇静剂，能使暴怒的人瞬间平静下来，使惊慌失措、紧张不安的人立刻松弛下来。

第三章

跟法国前第一夫人卡拉·布鲁尼·萨科齐学时尚

说到时尚第一夫人，最值得学习的应该要数法国前第一夫人卡拉·布鲁尼·萨科齐。她可以说是最叱咤时尚圈的第一夫人，有着多重身份，模特出身的她做过演员、歌手，还当过时尚杂志的编辑，当然，最近她还成了宝格丽高级珠宝的代言人，在时尚之路上再次绽放光芒。

卡拉·布鲁尼出生于意大利，在法国长大。深受意法两个时尚与艺术国度的感染，同时又出身于艺术之家。凭借迷人的外表，19岁的她就退学进军了模特界，不久就成为世界顶级名模。之后又涉足音乐界，同样也取得了不俗的成绩。2009年，卡拉·布鲁尼嫁给法国前总统尼古拉·萨科齐，成为法国第一夫人，再次成了全法乃至全世界的焦点。

自成为法国第一夫人后，卡拉·布鲁尼独特的个人魅力便更加受到追捧。2012年年末，她还被《名利场》评为"最会穿衣的国际名人"。在此之前，卡拉·布鲁尼还登上法国《Vogue》杂志12月/1月的跨年封面，并担任该杂志客座编辑，封面由摄影师墨特－马可斯组合（Mert & Marcus）掌镜。卡拉·布鲁尼牛仔打扮非常复古休闲。同时，她还担任新一期《Madame Figaro》的客座编辑，这无疑更加明确了她作为法国时尚界第一夫人的地位。

第三章　跟法国前第一夫人卡拉·布鲁尼·萨科齐学时尚

1.时尚法则中的降龙十八掌

法国前第一夫人布鲁尼习惯以靓丽的外表和时尚的穿着示人，每每跟随尼古拉·萨科齐出访，都是各国传媒关注的焦点。作为曾经的世界顶级名模，布鲁尼的穿着打扮不仅讲究，而且富有深意。

2008年，布鲁尼随时任总统的萨科齐出访英国。她头戴灰色帽子，身穿同色高领连衣裙，辅以黑色手套和腰带觐见英国女王。英国媒体对布鲁尼的形象大加赞赏，直呼"完美"。英国时装杂志《Harpers & Queen》认为，布鲁尼这身打扮"淡雅、别致"，让英国人联想起受人尊敬的戴安娜王妃。

在随后举行的欢迎晚宴上，布鲁尼"华丽转身"，用一袭深色晚礼服吸引所有人的视线。一名参加宴会的英国名流说，由于布鲁尼当晚风采迷人，甚至"没有人谈论双边关系，布鲁尼才是唯一的话题"。

在出访英国前，法国媒体一度认定总统无法适应英国政坛苛刻的礼仪规矩，担心"第一家庭"在英国女王面前出丑。不过，布鲁尼用"浓妆淡抹总相宜"的风姿给法国总统"赚足面子"，也让英国媒体对法国政府的看法有所转变。英国《每日邮报》指出，布鲁尼访英期间的服饰全部出自英国设计师之手，此举意在展现亲和力，增加英国民众对法国的好感，拉近了英法关系。

不同的场合需要不同的穿衣搭配，这是每个魅力女人都应该懂得的道理，可要想像布鲁尼般游刃有余地驾驭各种服装，就需要努力地修炼一下时尚法则里的降龙十八掌了。

①衣服和丈夫一样，适合自己的才是最好的。

魅力　第一夫人教你的品位课

②优雅的衣着有温柔味道,但对于成熟的都市女子来说,最根本的是高贵和冷静。

③时尚发展到今日,其成熟已经体现为完美的搭配而非单件的精彩。

④由浅入深,穿衣有三层境界:第一层是和谐,第二层是美感,第三层是个性。

⑤聪明、理智的你买衣服时可以根据下面三个标准选择,不符合其中任何一个的都不要掏出钱包:你喜欢的、你适合的、你需要的。

⑥经典很重要,时髦也很重要,但切不能忘记的一点是匠心独具的别致。

⑦衣服可以给予女人很多种曲线,其中最美的依然是S形,它可以衬托出女性苗条、修长的身段,让你女人味儿十足。

⑧一件品质精良的白衬衫是你衣橱中不可或缺的,没有任何衣饰能够比它更加千变万化。

⑨选择精良材质的保暖外套,里面则穿上轻薄的毛衣或衬衫,这样的国际化着装原则将会越来越流行。

⑩闪亮的衣饰在晚宴和聚会上将会永远风行,但全身除首饰以外的亮点不要超过两个,否则还不如一件都没有。

⑪重视配饰,衣服仅仅是第一步,在预算中留出配饰的空间,认为配饰可有可无的人是没有品位的。

⑫应该多花些时间和精力在服装的搭配上,不仅能让你以10件衣服穿出20款搭配,而且还锻炼自己的审美品位。

⑬每个季节都会有新的流行元素出台,不要盲目跟风,让自己变成潮流预报员,反而失去了自己的风格。关键是购买经典款式的衣饰,耐穿、耐看,同时加入一些潮流元素,不至于太显沉闷。

⑭黑色是都市永远的流行色,但如果你脸色不是太好则最好避免,加入灰色的彩色既亮丽又不会太跳脱,不挑人是合适的选择。

第三章　跟法国前第一夫人卡拉·布鲁尼·萨科齐学时尚

⑮寻找适合自己肤色的色彩,一定要注意服装是穿在自己身上的,而不是穿在白色或者黑色的模特衣架上。

⑯逐步建立自己的审美方向和色彩体系,不要让衣橱成为色彩王国。选择白、黑色、米色等基础色作为日常着装的主色调,而在饰品上活跃色彩,有助于建立自己的着装风格,给人留下明确的印象。而且,由于色彩上不会冲撞,也可以提高衣服间的搭配指数。

⑰即使你的衣服不是每天都洗,但也要在条件许可的情况下争取每天都更换一下,两套衣服轮流穿一周比一套衣服连着穿3天会更加让人觉得你整洁、有条理。

⑱无论在色彩还是细节上,相近元素的使用虽然安全却不免平淡,适当运用对立元素,巧妙结合,会有事半功倍的美妙效果。

2.身材不完美也能穿出惊艳效果

仔细观察一下布鲁尼的每一次公开亮相,你会发现,着装上不论是礼服还是职业套装,都能恰到好处地勾勒出她完美的身形。我们可能没有布鲁尼那么棒的身材,但只要我们用心找到适合你身形的服装并认真搭配,同样也能穿出惊艳的效果。

(1)Strawberry:草莓型身材穿衣要注重上深下浅

草莓女生身材通常上大下小,肩膀很宽,上身壮而下身细,体形看起来像个倒三角。所以如果你身材比较高大,身高在170cm以上,胸围宽,上身壮,或者身高不高但上围丰满下半身相较之下纤瘦,或者胸围尺寸和臀围基本相似,腰围不够细,有点小肚子、游泳圈,却有纤细的双腿,就一定不要突出上半身。

草莓女生的共性是肩宽,所以垫肩、荷叶领、一字领一切突出上半身的衣服都不适合你,滚边、蕾丝或者泡泡袖更是千万离得远远的,除非你准备去打激烈的美式橄榄球。

草莓女生的裙装选择也有讲究。穿工装裙和裤装时,纤细的双腿能让你成为公司中最靓丽的风景线。格子、印花或者花纹系列的衣服都是草莓形女生该大胆尝试的,穿着这样的衣服能让你的上半身看起来纤瘦不少,加强上下半身的对比,整个人的比例也会显得修长。

总之一句话,你的穿衣哲学在于:"上深下浅"。

(2)CocaCola:可口可乐型身材一定要显出小蛮腰

可口可乐型身材的女生虽然身材很完美,但还是要注意一点,那就是:"一定要把腰身显示出来。"

传闻,玛丽莲·梦露的纤细腰肢是通过除去胸腔最下端的第12根浮肋得到的。当然,痛苦地追求美丽是对自己的不自知与折磨,要想穿出纤细的腰身,我们自然用不着开肠破肚,把肋骨都去掉,只需要选对料子穿对衣就可以。

上半身的料子不要太柔软或者太贴身,因为可乐体形的女孩子通常波涛汹涌,太柔软贴身的料子会让你的胸看上去大而无型,但衣料也不宜过硬,否则会给人刚猛的波霸感,没有女人的柔美气质。不宜变形的坚挺的料子是最好的选择。

(3)Peach:水蜜桃型身材不要圆配饰

水蜜桃型身材的女生也是身材曲线比较突出的,但与可口可乐型女生不同,水蜜桃型女生的曲线会更偏大一点。

丰满的身材是穿衣要诀所在。双V的线条最适合水蜜桃型的女生。V是Victory(胜利),也是美丽女神Venus(维纳斯)的首字母,在这双重V的保

第三章　跟法国前第一夫人卡拉·布鲁尼·萨科齐学时尚

护下,哪会有不美的女人呢?衣服的面料要选择柔软而垂坠性强的,这样才更能突出本身强烈的女性特质。但是要注意的是,配饰不要搭正圆形的,服装上的花样也千万不要出现正圆。

(4)Luffa:丝瓜型身材请和紧身衣说NO

胸、腰和臀的比例很中性,没有太突兀的地方,如丝瓜般直来直去,性格也多少有些男孩子的潇洒和帅气。性格中的直也会恰好切合你的穿衣风格。看看凯特·摩丝和李宇春,都是极具中性美感的女人。

直筒的洋装天生是为你而生的。帅气的吸烟装,剪裁得体的中性西装,都能把你的优点显露无遗。如果想显露腰身,一根细腰带加上比较夸张的配饰就能完成最时尚的任务。宽松版的裙子和灯笼裤,也会让你的腰身显得更加纤细。

你的搭配要诀是宽松而有层次。紧身的服装,不适合丝瓜型的女生,宽大的衣服加腰带,反会让你显露出别样的性感。小背心搭配小T恤,小外套搭内衬的层次风格,让丝瓜女的线条显得更加柔美。

(5)Pear:西洋梨体形上半身要夸张夺目

上浅下深,灰色为界:因为上半身比较瘦,而下半身比较宽,穿衣就一定要上浅下深。以灰色这个中间色为界,上面的颜色不要比灰色更深更暗淡,下面的颜色不能比灰色更淡更明亮。

上繁下简,巧妙瘦身:不要怕自己胸小而不敢露,不敢突出,西洋梨们最适合夸张的领口设计,大扣子、大别针或者大胸花都适合西洋梨们穿戴。当然,大领口的露胸除外,夸张的上半身装饰会让人的目光全部集中在胸口和腰身,你的缺点就是优点了。有突也要有收,下半身就要稍稍紧起来,把蓬蓬可爱的公主裙从衣橱里扫出去吧!布料太硬的A字裙也不是梨型女的救星,而细细的腰带只会让本来就不小的臀部更加突出,所以也不能选择。

3.闻香识女人,用好你的"第一名片"

香水是体现女人万种风情的最佳手段,只要是女人,就没有谁不爱香气袭人的感觉。同时,香水也有其品位和个性,只有适合你的香水才能烘托出你独特的美丽和韵味。法国香水驰名世界,其中不乏价格惊人的上品,在法国,你大致可以凭着香水气味的雅俗判断一位先生或女士的身份。

作为法国的前第一夫人以及顶级名模的布鲁尼,对香水的运用更是到了炉火纯青的地步。我们不可能用跟布鲁尼一样的香水,因为每个女人都应该拥有属于自己独一无二的香味,不然又何来"闻香识女人"之说呢?在众多香水类型中,你可以选择做高贵的牡丹皇后,也可以选择做清丽的兰花仙子,但无论如何,都要有属于自己的个性。

可可·香奈儿小姐曾说:"不懂得擦香水的女人,没有前途!"其实香水如同服饰,必须依照场合、目的而有不同的"穿"法,除了流行外,还要有一套"穿"的哲学。因为对女人来讲,香水早已是女性文化的一种延伸和无形的流露,它在某种程度上代表了女人的品位,懂得在什么时间什么场合用什么香水的女人不管在哪里,她都是人群里最睿智优雅的那一个。然而,如果不懂得怎么选香水,擦香水制造出的恐怖气味,就会令人退避三舍。那么,要如何选择香水呢?在挑选香水时建议用下列方法试一试。

先将香水喷涂在闻香试纸上,于空气中晃一晃,使香水的气味与空气混合;然后将闻香试纸距离鼻约一寸来感受;隔几分钟之后,再试闻第二款香水。

试香的秘诀很简单,就是轻轻闻一下之后就让鼻子休息,持续用力闻

第三章　跟法国前第一夫人卡拉·布鲁尼·萨科齐学时尚

太久会使鼻子疲劳，从而对香味混淆不清，无法做出正确的判断。记住，在你试闻下一款香水时，请先深呼吸，让体内残余的香水气味清除干净，香味才不会混在一起。

因为一次闻很多香味，人类的嗅觉会产生疲劳，鼻子麻痹之后便分辨不出香味的差异。所以选购香水之前，先决定出两三个种类，避免一次试闻太多香味。

选择香水要以中味的香气来判断，直接从香水瓶口闻香是很荒谬的事。酒精的刺激味会呛到鼻子，一点儿也无法闻到香水的原味。用指甲或手腕内侧蘸取一、两滴香水，慢慢地吹口气或是手轻轻地摇晃，让酒精挥发后再静静的闻香味。最好能够先离开香水卖场10分钟左右再回来闻闻看。

如果没有找到喜欢的香水或无法判断时，最好改天再来。想要找寻自己喜爱的香水，多跑几趟才是最好的方法。

如果你是一个聪明的女人，相信你一定不会往自己身上胡乱堆放香水，因为那样只会让自己变得一团糟。不同味道的香水在调制之初就预约好了适合它的顾客群，选定了它适合的场合及季节。

(1)为空间配搭香水

密闭空间：在车厢、戏院等空气循环不佳的空间里不要涂浓烈的香水，以免刺鼻的香味影响他人，最好涂浓度低、挥发性强的香水。

餐厅：进餐前一般不要涂浓烈的香水，过浓的香水会影响食物的味道，可能让人降低食欲。美食、香氛不可兼得。

医院：香味并非任何一个人闻了都会舒服，进类似医院的公共场合，淡香水比较好，以免影响医生和病人，或者干脆对香水说声"再见"。

雨天：潮湿的空气会使香气在水分重的区域内难以弥散，选用淡香水为宜。

户外：运动和逛街都易流汗，汗水与香水味混合在一起总会让人敬而远之，这时要选用无酒精香水或运动型香水。

(2)为场合配搭香水

婚礼:这种喜气洋洋的场合,香水可以倍增喜气。白天可以选择淡香水,晚上则可选择浓香水。

约会:选用柑橘水果和苔类香草为原料的香水,内含令人增添吸引力的荷尔蒙成分。

商务会谈:不能用过浓的香水,香水尽可能淡,以清新淡雅为主。过浓的香水只会使原本正式严肃的会谈气氛变得更为凝重,不利于会谈双方。

睡眠:薰衣草或玫瑰香油有改善睡眠质量的功效,临睡前,在枕下少涂一点儿,一晚香梦随之而来。

(3)香味的转换

不同的环境、不同的场合要选用不同的香水,所以,若你必须从办公室直接赶赴晚宴时,香味也要像服装一样容易更换才行。

在你预定转换香水的日子,不要在容易残留香气的地方抹上香水,这是最基本的常识。衣服当然不能抹上香水,耳后也要避免,只要擦在手腕上就可以了。因为手腕上的香味,用肥皂一洗就冲掉了。白天也可以将香水抹在手帕或围巾之类的小饰品上,晚上只要拿开这些小饰品,再将香水抹在肌肤上就可以了。

有些人想寻觅自己独特的香味,而把香水混合使用,这是非常大的错误,因为一种香水的产生是熟练的调香师经过长时间精心调制而成的。无论多高级的香水,混合使用后,香水原有的微妙和谐的香气将会溃散,两种香水的特色也会因此而抵消。

但是也有例外,技巧性地"冒险"一次,你会收到意想不到的效果。比如先使用淡香水或古龙水,然后加上香味较重的香水,香水的香气会盖住古龙水,效果不错。但在使用之前必须先考虑香味的调和性。

第三章　跟法国前第一夫人卡拉·布鲁尼·萨科齐学时尚

4.美鞋加分，秀出你的女人味

　　模特出身的卡拉·布鲁尼自然成为众多第一夫人中身材最无可挑剔的一个，然而，就是这样的身材，在她成为第一夫人之后也或多或少给她带来"麻烦"。大家都知道法国前总统尼古拉·萨科齐的身高并不是很理想，所以很多时候，贴心的布鲁尼不得不抛弃心爱的高跟鞋，选择穿一双平底鞋与他一起出现在公众面前。即便是没有高跟鞋这样的神器来提升气质，凭借自身得天独厚的先天条件，布鲁尼依然非常优雅性感。

　　除去为了配合老公、怀孕、运动等原因，绝大部分女人对于高跟鞋总有一种莫名的狂热，甚至很多小女孩迫切地想要长大，也是为了完成能够穿上妈妈的高跟鞋的梦想。

　　汤姆·福特有句名言："不穿高跟鞋的女人何言性感？"一句话道破女人狂爱高跟鞋的真相，那就是高跟鞋能让女人更有女人味。

　　高跟鞋的妙处就在于，只要穿上它，身材就立刻挺拔起来，曲线有了起伏，它会将小腿线条拉长，令人在视觉上的比例更为修长，连走路都变得婀娜多姿起来，绝对堪称是女人最独家的性感武器。

　　例如，《欲望城市》中买鞋成癖的莎拉·杰西卡·帕克，她的性感迷人，不能说完全归功于高跟鞋，但我想，如果没有它们的帮助，她的魅力指数肯定不止减一半吧。

　　当然，也有许多女孩子不喜欢穿高跟鞋的，因为穿高跟鞋的确没有平底鞋、运动鞋穿起来那么安全舒适，但只要选对鞋，其实没有你想象中那么难受，再说了，比起它所能带来的好处，小小的不适又算什么呢？

　　可能大家不太了解，其实高度适中的鞋跟，虽然看着比较纤细，但实际上是符合人体工学的设计的，这种设计会令穿上它的人感觉颇为舒适，就算去跳舞也不会太累，国标就是一个可观的见证。在拉丁舞中，除了华美的舞姿让人叹为观止外，女舞者运用高跟鞋的妙处，也可谓是相得益彰。

然而，对通常的女性来说，5~7厘米的高度是最受欢迎且最安全的魅力高度，特别是5.5厘米的鞋跟，性感，易行走，就算是在需要狂奔的时候，也能让人轻松驾驭。

不管你是否适应高跟鞋，作为女人，作为女人的鞋柜，都应该有一双属于自己的高跟鞋。

不过，就算是高跟鞋从不离脚的人，也不会否认平底鞋在舒适度排行榜上头把交椅的地位。而平底鞋也绝没有躺在舒适的功劳簿上止步不前，它也是出镜率相当高的单品，不少搭配高手中就流传着"要么平底，要么12寸"的黄金原则。

相比起16世纪才出现的高跟鞋，平底鞋的历史可以说从人类懂得穿衣戴帽时就已经开始了。而每隔一段时间，不论是时尚界，还是整个人类世界都会重新怀念平底鞋带给我们的舒适。1939年，好莱坞经典影片《绿野仙踪》向人们展示了平底鞋同样可以拥有勾魂摄魄的时尚魅力。女主人公桃乐茜所穿着的那双简洁大方、闪亮时尚、饰有蝴蝶结的"红宝石鞋"成了每个年轻女孩儿的终极梦想。

再比如如今风靡世界的豆豆鞋，它们可以适用于各种不同场合，工作环境中、优雅场合或是休闲时刻。或像法国第一夫人卡拉·布鲁尼和韩国巨星Rain(郑智薰)那样搭配稍显正式的风衣或西装，或像凯蒂·霍尔姆斯（汤姆·克鲁斯前妻）和凯瑟琳·泽塔·琼斯那样牛仔裤休闲装直接出门，都是不会出错的搭配。

大牌明星自然有悠长假期可以享受平底鞋带来的舒适和优雅，然而平凡如你我的女子，如何才能在CBD(中央商务区)、高级写字楼、夜店狂

第三章　跟法国前第一夫人卡拉·布鲁尼·萨科齐学时尚

欢和购物乐趣的繁忙里兼得高跟鞋和平底鞋的角色变换，让我们既能在正式会议中踩着高跟鞋接待客户，又能在下班之后换上平底鞋享受购物的乐趣？还记得电影《杜拉拉升职记》里的徐静蕾吗？她总是每天穿着平底鞋，走路、坐地铁、爬楼梯上下班。早上，她到公司楼下换上一双高跟鞋上班。下班后，她换上一双平底鞋爬楼梯锻炼身体，还不忘大声地歌唱。是的，在包里准备一双随时可以更换的平底鞋，是一个多么完美的解决方案！

5.珠宝，悄然点亮你独特的气质

　　这位"用法文写作，用意大利语做梦"的法国前第一夫人布鲁尼，无疑是现在各大时尚媒体杂志的宠儿。傲人的身姿、横溢的才华以及其对时尚的独特感知都是人们不得不爱她的理由。珠宝品牌CHAUMET（尚美珠宝）标榜自己自创立以来就是法国皇室的御用珠宝品牌，历史上最著名的客人是拿破仑的约瑟芬皇后，现在的法国没有王室，而第一夫人卡拉·布鲁尼就选择它作为自己钟爱的珠宝。

　　出席隆重外交场合时，布鲁尼总是偏爱剪裁上乘的素色连衣裙，以此反衬出她所搭配的珠宝的华丽与别致。在私下轻松的场合里，布鲁尼则钟爱简约优雅的戒指和项链，无论是搭配正装还是便装都非常适宜。

　　可以说，配饰是提升女人贵气的不二法门。如果说高贵典雅的女人像是绽放的花朵，那么珠宝首饰则是花瓣上那一滴不可或缺的晶莹露珠。首饰可以增添女人的气质，让你变得高贵，只要选择合适的款式和色调，无论走到哪里,都会让你显得珠光宝气,犹入仙境。无论是温情脉脉的烛光晚餐,还是名流云集的隆重盛典,独特的珠宝首饰,都会让你魅力四射、光彩照人。

不论是百年的传统老牌还是当红的时尚品牌,能够在千变万化的潮流中屹立不倒的,一定拥有不少独有的经典配饰;严选质材、造工精致,这都是经典产品不可或缺的重要元素,让它不论在哪一个季节、场合,都让人感到合宜得体,不过度花哨抢眼,却优雅散发出隽永风采。

珠宝首饰的佩戴是一门大学问,很多时候它甚至比服装本身还重要,佩戴得宜,犹如画龙点睛。如何发挥珠宝首饰这种内在的魅力和功能呢?首先应该知道什么场合需要佩戴什么首饰,什么场合可以佩戴什么首饰。在人们以往的观念中,只有正式和庄重的场合才可以佩戴珠宝首饰,别的场合都是不适合的,其实这是一种认识上的偏差,要知道,只要佩戴合适,任何场合均可以佩戴首饰。大家对服装都有较深的知识,知道有正装、便装、礼服、休闲服等区别,而且知道在不同的场合要穿不同的衣服,但在珠宝首饰的佩戴上,则显得知识稍为匮乏,一件首饰戴上去就不再摘下来,什么场合都是它。

以下介绍几种主要场合佩戴首饰应注重的事项。

对职业女性来说,职业装的配饰限制较多,但在遵守一定原则之外,自己花一点心思,巧妙地选择适合自己气质和风格的珠宝首饰,塑造自己的独特品位,是你找到自信和成功的关键。

为了突破职业装色彩的单纯性,可以在胸前和发际以及项链上搭配一些色彩生动的有色宝石。这样,就能在职业装的庄重严厉之外,透射出女性的生气和漂亮。这种有色宝石的选择一定要注重品级,色彩一定要纯正艳丽,反火一定要好,当然宝石也一定要有灵气。

在时装的基础上,能起到巧妙地改变职业装外形效果的最重要的两个首饰是项链和胸针。在西服套装的领子边上别一枚曲线型设计的胸

第三章　跟法国前第一夫人卡拉·布鲁尼·萨科齐学时尚

针,可以给原本庄重的套装添加几丝活跃的动感;长短不一的项链依靠材质色彩,以及设计风格的不同,巧妙的搭配,同样能增加套装的动感和韵律美。

非凡的职业和特定的场合,最好能佩戴适合自己职业个性和品位的个性化首饰,应该充分发挥珠宝的情感文化内涵,使之成为一种标志化的身体语言。而佩戴专业设计制作的独一无二的首饰制品,最能充分体现自己独特的品位和个人魅力。

家居旅游休闲时,同样应该注重珠宝首饰佩戴的样式与服装的搭配,一般在这种非正式场合,佩戴有设计的彩色宝石和半宝石首饰,与休闲服装的搭配相得益彰,平淡中透出一种别样的品位。

访亲会友,是大家充分展示自己佩戴个性和品位的最佳时机,适时适地地佩戴彩色宝石饰品,会给家庭聚会增添一点色彩,同时也会给您的家人和好友一种热情和轻松的感觉。

参加庆典宴会、晚会等正式场合,应该佩戴有设计感的珠宝套饰,佩戴两件以上的首饰,就应该注重搭配。珠宝首饰设计师为帮您解决这个问题,设计了套装首饰。常见的套装有:两件套饰——项链、戒指,戒指、耳环,项链、耳环,耳环、胸针,手镯、耳环;三件套饰——戒指、项链、耳环,戒指、项链、胸针;四件套饰——戒指、项链、耳环、胸针,戒指、项链、耳环、手镯;五件套装——戒指、项链、耳环、胸针、手镯,戒指、项链、耳环、手镯、头饰。

在佩戴套装配饰时一定要慎重,佩戴不合适,就会闹笑话。一般来说,正式场合的佩戴原则是佩戴套装或接近于套装的高档首饰。套装在材质、风格、工艺上要求一致性。两件套饰的应用范围较广,一般情况下是比较随意的,可以搭配任何服装,出入任何场合,只要首饰的材料、造型、做工与服饰、环境相配即可。

四件套饰、五件套饰的佩戴更要慎重,只有较正式和隆重的场合才可以佩戴,环境不合适就会有做作之嫌,过于堆砌,会产生负面效果。套件由于数量的增多,重量增大,对服装的色彩和造型设计的影响也就会相对较大。因此,一定要注重搭配,并与佩戴环境相协调。

例如,翡翠套装最好是在出席晚间的正式场合佩戴,翡翠的绿色在灯光下最能显出荣雅华贵,而在日光下,满身的绿色会过于刺眼。白金蓝宝石套饰在这样的场合会显得更合适一些。

红宝石、钻石套饰在灯光下会有好的效果,而珍珠套饰有着较强的适应性,在多数场合,均不会显得刺眼。英国王妃戴安娜就有不少珍珠套饰,她经常佩戴珍珠套饰出席各种场合,总是显得优雅华贵。因此,我建议大家最好有一套珍珠套饰,以备使用。

6. "包"藏女人心,手袋拎出万种风情

卡拉·布鲁尼毫无疑问是一个大牌控,只要出行,各种大牌手袋便如影随形,为她第一夫人的形象加分添彩,而反过来,布鲁尼也成了这些手袋最好的代言人。不知从何时起,手袋成了女人们离不开的多功能随身百宝囊。一个女人的包体现着她的生活品位和生活态度。可以说,手袋绝对是女人身份的象征。一个靓手袋,其魔力足以令平凡的打扮变得时尚有品位。因此,很多女人可以不要漂亮的衣服,不要精致的鞋子,不要昂贵的化妆品,但手袋一定不能没有,而且一定要质地上乘,剪裁精良,最好是品牌的。

手袋也是一件实用性的佩饰物。除了用来盛物之外,绝不能忽视它跟

第三章　跟法国前第一夫人卡拉·布鲁尼·萨科齐学时尚

服饰的互相搭配。手袋和鞋子一样重要,用得好是锦上添花,用得不好则是败笔。手袋不像衣服一样换得那么频繁,因此从款式到做工再到质地,都要选上乘的,而且要与服装浑然一体,不能将就。手袋在你的整个形象中处于很惹人注目的部位,所以它与服饰的搭配就显得尤为重要。若是皮质的,要注意皮质和皮鞋配套,颜色风格要与所穿服装协调。如果你穿着一套风格朴素的服装,却挎着装饰华美的皮包,会给人一种喧宾夺主、"只见手袋不见人"的感觉;相反,如果你穿一身华美的丝绒旗袍,却提着一只塑料网袋,则会令人遗憾不已。

女人拥有包的数量不必多,但质量要好。有人说:"女人身上的衣服可以不太名贵,但一个手袋却应该有所讲究。"世界上穿得起3000美元裙子和5000美元套装的人还是少数,更何况,再美丽的衣裳也不可能天天穿,大多数人只有足够的钱买几件常用的配件,来提升自己的时尚气质。尤其是名牌手袋,对于女人来说,它是奢侈品中的"必需品"。你可以选一只很实用的名牌手袋,只要和身上衣服没有太大冲突,上班休假天天都是它。它可以是陪衬衣服的配件,增添特色;它也可以被收藏放置,随时把玩;还可以招摇过市,惹人艳羡,它能够以最快速度直接地提升你的时尚感。

在使用率与分摊到每天的成本成反比的情况下,名牌手袋虽贵,却值得下手买,就算不喜欢了,也能快速脱手销售。"手袋权威"女作家安娜·约翰逊说:"现今的服装千篇一律,从Zara买的西裤与从海尔姆特·朗买的看起来几乎一样,但不同品牌的手袋就有明显的区别,它会让你显得更具个性。"

在芸芸品牌中,尤以意大利出品的手袋深受女士们拥戴,全因其质料上乘、款式时尚及手工精练。

也许你并不具备买世界大品牌的实力,但是你也应该留意它们每一季的新款式,因为他们带动的手袋时尚马上就会出现在你力所能及的品

魅力 第一夫人教你的品位课

牌设计上。

带领手袋时尚的世界著名品牌有:古琦,有七十多年历史的意大利皮具名牌;普拉达,"摩登"的代名词,它的手袋多以尼龙为面料,色彩鲜艳,大受不同年龄阶段女性的欢迎;爱马仕,有一百六十多年历史,手袋柔和、含蓄,被称为"女性永远的憧憬";路易·威登,有一百多年历史,世界皮具领域的顶级品牌;罗意威创建于1864年,西班牙皮具世家;有"皇家的珠宝商"之称的卡地亚,20世纪70年代开始推出线条分明、充满女性化的皮具系列,贵族酒红色,著名的"双C标记"散发出无穷创意。

着装的搭配最为重要,手袋与着装色调保持一致,可以产生非常典雅的效果,而对比色搭配则显得相当抢眼。例如,白色着装搭配黑色提包,绝对是引人注目,所产生的色调差会让人情不自禁的有所关注。

女包的季节搭配也很重要。夏季手袋应该以浅色或纯色为主,这样会与环境更加协调;冬季就需要用深色的手袋,和季节产生协调感。而不同的场合,手袋的搭配也不一样。日常休闲和工作、宴会等场合需要选用适当的手袋,不是挎着名牌就可以代替的。

根据不同的场合搭配不同样式、不同颜色的包会提升你的气质,令你与众不同。黑色包大多在冬季使用,而如果你实在喜欢黑色,在夏季也可以使用黑色的包,搭配一条黑色的长裙,会让你在外观上显得更加优雅,衬托出一种高贵的气息。在聚会等场合,使用黑色的小包还是非常常见的,因为黑色可以完美的搭配出你的气质。所以,夏日的时尚女包的选择余地还是相当大的,你可以选择各式各样的包,做一个百变女人。

手袋与年龄的搭配也同样重要,不同的年龄段适合不同类型与风格的手袋。年轻的女性,要略显轻松、活跃的款式,而中老年,则需要优雅的款式。

第三章　跟法国前第一夫人卡拉·布鲁尼·萨科齐学时尚

7.化妆是一支神奇的魔法杖

据统计,美国女性每年购买化妆品约花费300亿美元;在日本,一个女性平均一生所要使用的基本化妆品中,化妆水为980立升,各类霜膏为150千克,乳液为125立升,口红400克。以上这组数字,足以令男人大吃一惊。那么,女人为什么要化妆呢?答案就在脸上。

唯一的真理是——化妆是存在的,丑陋并不存在;脸面是化出来的,美则是永远愉悦、变幻无常的。在接受媒体采访时,卡拉·布鲁尼说道:"我明确地知道,哪一种面部化妆、哪一种发型更适合我。我最欣赏自己的一点就是,我能将自己的缺点转化为优点。"

化妆确实是值得女人学习和研究的一件事情。女人的时尚不单出自美丽的眼睛和光滑细腻的皮肤,而是出自整体的妆容效果。眼睛和皮肤的美丽常常是一目了然的,而好的妆容却是女人用智慧和修养精雕细刻出来的。那份与身体的和谐,那份洋溢于周身的风采和风韵,那份内心世界精彩的描述和渴求,是可以用心去表现的。通常,好的妆容所表达的美,是可以超越本体的。相反,不良的妆容会损坏女性的美感——视觉的美感、品位和素养的美感。可以说,爱化妆的女人是积极的女人,会化妆的女人是智慧的女人。能够化好妆,并不是件容易的事。那么多的化妆品,那么多的化妆工具,那么多的化妆色彩,仅仅知道一些化妆方法是远远不够的,化妆是熟能生巧的技艺,你得花一些时间练习,才能够应用自如。化好妆最难的并不是技巧,因为技巧可以练习。想要化好妆最难的是审美能力。

正如亚里士多德所说,艺术就是"弥补自然的缺欠"。在梳妆台前,每一个女人都有机会当艺术家。作为一名化妆艺术家,你必须记住,每一件作品,即每一张面容,都是独一无二的。如果你为追求理想的面容而掩饰自己,你就弄错了。你应该化出自己特有的面容,这样,无论谁见到你,不仅会获得美的享受,而且会得到发现的乐趣。

你应该将你脸上那些不合标准的部分视作你真正的财富,不必设法改变它们。顺着你的鼻子画上暗色的条纹并不真正会使你的鼻子看起来狭长,眼角边描上延长线也不会使眼睛显得大些。你应该把精力集中在让那些过分显眼的部位看上去柔和一些,这样,别人就会觉得它们有一种特殊的美。要记住,一张不合标准的面孔能反映出魅力的特质来,不仅如此,这样的面孔更让人难忘。

"萌妹子""御姐范儿""女神"等词语像一股热潮来袭,从这些词语我们可以看出时尚地标,但时尚多是昙花一现,我们很难看到卡拉·布鲁尼等各国第一夫人追随时尚潮流而不断变换妆容,知性优雅才是她们不变的时尚理念。如果你经常关注欧美女星,一定不难发现,她们最爱极富立体感的裸色妆容。没有夸张的色彩,一切都很简约,却一点也不简单。即使你是小清新,也能在这种妆容的衬托下显现出气场。掌握下面几点,能让你在最快时间变身化妆达人。

(1)注重睫毛细节

先用睫毛夹将睫毛夹翘,然后从睫毛根部向上刷上睫毛膏,下手要轻,宁可多刷几次。

选择刷毛纤细浓密的睫毛膏刷下睫毛,由下睫毛根部向下刷,下睫毛呈现黑色,每根分明即可,不要太浓密了。

最后,选用短齿的睫毛梳,由下而上把黏在一起的上睫毛梳开,避免"蟑螂腿"。

注意:市面上有多种刷毛不同的睫毛膏可以选择,先用刷毛纤长浓密的睫毛膏刷两次上睫毛,再换刷毛较硬而短小的睫毛膏制造卷翘效果,最后用睫毛梳分梳睫毛是优雅妆的关键。

第三章　跟法国前第一夫人卡拉·布鲁尼·萨科齐学时尚

(2)眼部气质不可少

水汪汪的大眼睛陪衬粉红色眼影,气质立即会得到提升。

先用淡粉色涂抹整个眼窝,眼角部位颜色较浅,眼窝中间的颜色要加深,使眼睛看起来更加深邃,下睫毛处也用粉红色的眼影画出下眼线。

再用较深的棕色在上睫毛的根部画一条较粗的上眼线,注意与粉红色眼影的过渡,过渡区尽量自然淡化,不要有明显的分割线。

最后,在眼头及下睫尾部用白色高光粉再次提亮双眼增加效果就可以了。

注意:多种颜色的眼影盒是打造裸色妆容的必备妆品。用眼线笔或眼线液勾勒出更有诱惑力的眼线,可使双眼显得更大更亮。

(3)腮红是制胜的关键

用与眼影同色系的淡粉红色将脸部颧骨以下的微笑肌扫上腮红,使脸妆更显优雅。想要让腮红更服帖自然,可以选择液状或膏状的腮红产品,效果水润,使整个妆容更加和谐。

注意:裸妆讲究气质和优雅,太红的腮红会显得妖艳,而橙色系则会显得阳光,淡淡的粉红色是知性优雅的最佳搭配。

8.控制体重,保持身材

身为超模的卡拉·布鲁尼一直被大家奉为天生的衣架子,在第一夫人团里,她是时尚大牌们最喜爱的代言人。但是要穿上那些立体剪裁的服装并完美展现时尚范儿,对身材的要求也是非常严格的。翻一翻其他第

魅力 第一夫人教你的品位课

一夫人的活动现场照片,其中不乏身着大牌服装的精心搭配,但是与布鲁尼相比高下立判。毫无疑问第一夫人们全都拥有高贵的气质、强大的气场,只是身材的差距让她们在时尚的标杆前相形失色。

关于这位法国前第一夫人的身材永远不缺少话题,随便一张泳装照就能引发一轮口水战。可好身材从来不是天生的,长期坚持锻炼、控制体重才能获得美好的身段。

为了保持身材,张曼玉对饮食极其讲究,对油炸及一切厚味食品都退避三舍,而尽量选择清淡、新鲜的口味。她说,用餐对一位职业演员而言通常是小量的,水对我们远比食物对我们来得重要。

永远不要小看一个保持身材的女人。她们有着常人不能比的毅力和耐力,能拒绝掉常人不能拒绝的诱惑。一个减肥的女人,她可以控制饮食,坚持运动,拒绝一切能让自己长胖的美味和热量。这样的超强毅力和控制力,若用在情场或职场上,简直无往而不利。

走在巴黎街头,各色身姿苗条、体态优美的美女比比皆是,在这样浪漫的国度,女人自然对自己的身材格外关注。事实上,法国是最崇尚"慢食"的国家之一。一般的法国人在吃每一口食物的间隙,都要停顿无数次,或交谈,或简单地感觉食物的味道。在法国,你很少会看到吃饭风风火火的女性,这也成为她们维持苗条身段的秘诀之一。

(1)适度节食是控制体重的基础

很多人会说:"法国女孩子瘦,那她们的意志力一定很强吧?"实际上,法国女人很容易控制食量是因为她们所有的食物都是小份的。换句话说,法国女孩子的胃已经习惯了摄入少量的食物。

她们吃的不太多还有一个原因是食物都非常富于营养。在法国,人们经常吃高蛋白质含量的食物,比如鸡蛋、奶酪以及肉类。这些食物很快就能给人带来饱感,因此,她们吃得就比其他人少。

第三章　跟法国前第一夫人卡拉·布鲁尼·萨科齐学时尚

(2)晚餐一定要克制

专家们曾经跟踪调查过巴黎人的饮食习惯。巴黎人在14:00之前摄入的热量占一天总量的60%，随后是一顿简单的晚餐，因此，他们不可能在夜间进食过量。

在巴黎的自助餐厅里，每个人都慢慢地享用着5道菜的午餐，最后再来一杯浓咖啡。这是个放松身心的好方法，吃饭时间越长，心情越愉快。坐在办公桌前匆匆地吃个三明治当午餐的做法很难被法国人接受，因为如果那样，夜生活也会变得毫无吸引力。

(3)拒绝零食诱惑

法国女性对待正餐的热情度很高，她们吃得很满足，因此不需要零食。研究表明，人们吃饭时摄入的热量比他们吃零食的时候少。如果你想保持苗条身材，零食绝对是需要拒绝的。

(4)多进行户外锻炼

法国著名女性休闲俱乐部的创办人声称，她所创办的健身房是给美国人用的。法国女性更喜欢在户外跑步或骑自行车，她们把体育锻炼看作是生活的一部分，而不是成为健身房的奴隶，在健身房里耗到筋疲力尽。

法国人在晚餐和正餐之间的时光，喜欢去散步、看夕阳，在活动身体的同时，还能增添无数的乐趣和闲情。在健康专家研究的对象中，有相当一部分的法国女性声称她们最主要的活动身体的方式就是散步。

其实，控制体重不是减肥那么简单，那是女人一生的事业。女人在塑造自己苗条身材的同时，也塑造了自己完美的人生。

第四章

跟美国前第一夫人
南希·里根学宽容

在与老年性痴呆症抗争了10年之后,美国前总统罗纳德·里根于美国东部时间2004年6月5日下午在其位于加利福尼亚的家中病逝,享年93岁。在美国举国悼念这位伟大的总统时,一位淡出了广大民众视线有十年之久的女性又一次成为了人们目光的焦点,她就是南希·里根,曾经的美国第一夫人。

作为美国前第一夫人,南希对政治并不热衷,她对政治的关注完全是因为她要支持她爱的丈夫。南希曾经写道:"我的人生目标就是拥有一次成功而幸福的婚姻。"在嫁给里根之后,南希将所有的爱都毫无保留地倾注到里根身上。南希在提到丈夫时曾深情地说:"认识我丈夫之后,我的生活才真正开始。"这种爱几乎到了无以复加的地步,时刻都洋溢在南希的脸上,这一点全世界的人都看得出来。

所有人都知道,里根总统夫妇的生活其实并不是那么一帆风顺的,但他们用爱宽容了彼此所有的不满与失误。南希对里根的爱无时无刻、无处不在。人们看到年过半百的里根夫妇在白宫里仍然会亲热地搂抱在一起;南希会为里根打造一个温馨的家,哪怕是只住三天的宾馆房间,南希也会弄得充满浓情蜜意;相信占星术的南

第四章　跟美国前第一夫人南希·里根学宽容

> 希会为丈夫算出"黄道吉日",然后为丈夫默默地祈祷;喜爱瓷器的南希会在圣诞树上挂上写有里根名字的瓷制小天使……这一切在里根患病后,依然一如既往。里根夫妇在半个多世纪的风雨中患难与共、不离不弃,成了美国家庭的典范,成了美国青年人羡慕的榜样。
>
> 南希在回顾两人的爱情和婚姻时说:"罗尼和我是那样亲密,我感觉50年的时间转瞬即逝。总是有人问我,你的婚姻保持了这么久,是否有什么秘诀。我会告诉他们,永远不要将婚姻视为两半的,而应该时刻做到付出更多,永远保持宽容。在过去的50年里,我们两人都兑现了自己的承诺——宽容。"
>
> 生活永远不可能尽如人意,没有完美的工作,没有一百分的伴侣,也没有十全十美的自己,只有宽容才能让我们幸福快乐一生。

1.控制情绪,学会做情绪的主人

南希是一个很理性的女人,虽然她不是特别聪明,在多数的社交场合和协助丈夫政务处理上,她并不能和谐、灵活地应对诸种情况,以致众多美国民众与新闻媒体对这位第40任美国第一夫人未表示出过多的好感,甚至还有些极为负面的评价。但是,南希却知道如何在适当的场合控制情绪、保持沉默,即使她极为在意公众对她的切实看法。在批评与非议中,她依旧以第一夫人的仪态较为完整地站在了民众面前。

无数的事实均证实了这样一个道理:一个人的情绪状态,往往很大程

魅力 第一夫人教你的品位课

度上决定着这个人某一阶段的人生走向。好情绪可以成就我们的人生,而坏情绪则有可能在不经意间让我们败走麦城。女人的情绪经常会在不经意间表现出来,很多时候她们自己并没感觉到,但会让周围的人很难堪。因此,有人将女人的情绪化比喻成双刃剑,伤害了别人的同时,也将自己辛苦织起的人脉网戳得千疮百孔。

没有谁会喜欢一个动不动就歇斯底里的女人,这样的女人也注定得不到内心的平静和幸福。

一个女人始终保持得体的风度很重要。在大街上,我们偶尔会看到一个打扮入时的女人和自己的男友或老公吵得天翻地覆,甚至不顾路人频频的回眸。你很难想象这样一个优雅得体的女人,居然变得如此歇斯底里、不可理喻。

我们都有过类似的经验,在平时的生活中,会遇到很多让我们不愉快的情绪,愤怒、悲伤、失望、内疚,等等。其实,有些时候并没有发生什么大不了的事情,但是我们却会因此烦躁不安,虽然不见得当街发脾气,可还是会对我们身边亲近的人无理取闹。事后我们往往会后悔,但当时就是控制不住自己。

赵雅芝是许多人都非常喜爱的一位明星,年过五十的她依然优雅美丽,很多港台艺人都把赵雅芝视为完美的女人,观众中喜爱她的人几乎不分男女老幼。出现在公众前的赵雅芝,总是温文尔雅,从影三十多年,从来没见她在媒体面前发过脾气。这一方面归功于赵雅芝温和的性格,另一方面就是她能控制自己的情绪。对于控制情绪,她自有一番心得,"我也是人,也有生气的时候。但我发脾气的时候不多,因为我觉得发脾气要是没有用的话,也得不到效果,既伤了自己,也伤了别人的感情,我觉得那划不来。"

赵雅芝本来就是一个美人,再加上良好的情绪控制能力,使得她保持

第四章 跟美国前第一夫人南希·里根学宽容

了良好的公众形象,人们始终觉得她如此美丽,因此发自内心地喜爱她。

美国心理学家经过研究发现,包括喜、怒、哀、乐在内的所有情绪,都可以在极短的时间内从一个人身上"感染"给另一个人,这种感染力速度之快甚至超过一眨眼的工夫,而当事人也许并未察觉到这种情绪的蔓延。

不仅是好的情绪容易传染,负面情绪与好的情绪相比,有着更强烈的传染性。比如在股市中,这种情绪传染就表现得非常明显。周边股市普遍走低的话,就很容易动摇投资者对市场的信心,从而可能会抛售手中的股票,这将导致股市下跌,而股市的下跌又将进一步动摇投资者的信心,从而产生恐慌情绪。一旦恐慌情绪在市场上开始蔓延,那么股市就会加速下跌。

因此,在平时我们要注意保持良好的情绪,避免情绪"污染"。不妨看看下面这些避免情绪"污染"的小方法。

(1)自己的情绪自己来控制

自己的情绪自己来控制。找出使自己情绪不好的原因,努力排除它。你可以用自我暗示法调节情绪。有时,引起你情绪不好的原因很难排除,这时,你不妨先接受它,然后进行自我暗示。常用的自我暗示的方法就是自我鼓励,例如对自己说:"我是最坚强的!"这种积极的暗示能够调节情绪。

(2)用行动转移法调节情绪

心情开始不好的时候,去忙忙别的事情,使自己没有时间思考不愉快的事情,这也是一种有效的办法。此外,将自己不愉快的事情说出来也是一种好办法。

(3)向别人发泄情绪是恶劣的坏习惯

坏情绪对人有百害而无一利,因此,有情绪发泄出来是对的。但是我们却不能随便向别人发泄,随意发泄自己的情绪是一种十分恶劣的坏习惯。在公众场合,我们应该为别人考虑,情绪问题不是个人的私事,我们应该学会调节控制自己。否则,一有情绪就拿别人当出气筒,不仅会遭到别人的反感,也会把自己的生活弄得一团糟。

(4)把握情绪的关键时刻

现代心理学研究发现,人的情绪有两个关键时刻,一是早上起床后,二是晚上就寝前。如果能把握好这两个情绪的关键时刻,在这两个时刻保持良好的心情,稳定自身情绪,就很容易获得一整天的好心情。

2.面对苦难,女人要更加坚强乐观

1994年,里根被确诊患有老年性痴呆症后,夫妇两人的生活发生了很大的变化。起初,里根还可以经常参加锻炼,如打高尔夫球、散步等。但随着病情的加重,这位著名的前总统逐步发展到不会说话、不能自己吃饭、不认识人、整日卧床、偶尔坐一会儿轮椅的地步,到后来,他甚至连自己的妻子都认不出来了。然而,南希对此毫无怨言,虽然自己身体也相当虚弱,但她靠着对往昔甜蜜生活的回忆,坚强地陪伴在丈夫身边。她的密友赞赏道:"情况危急时,她那种泰然处之的风度真是让人羡慕。"

值得一提的是,在患老年性痴呆症的日子里,里根并没有少过一个生日和重大节日,因为南希总是精心地为他设计,代替他与公众见面,希望他能分享生日和节日的欢乐。

2004年2月6日是里根93岁生日,虽然他本人并未在任何公众场合露

第四章　跟美国前第一夫人南希·里根学宽容

面,但人们却没有忘记他,伊利诺伊州、加利福尼亚州等25个州都举行了盛大的庆祝活动。83岁高龄的南希还代替他出席了在加州西米谷里根总统图书馆举行的庆祝活动,激动地与年轻人握手。

不仅如此,每年的圣诞前夕,南希都会在家中认真地布置一棵圣诞树,树上挂满各种装饰品,必不可少的是几个瓷制小天使,每个小天使上刻着一个家人的名字。

坎伯曾经写道:"我们无法矫治这个苦难的世界,但我们能选择快乐地活着。"

天底下没有绝对的好事和坏事,有的只是你如何选择面对事情的态度。如果你凡事皆抱着消极的心态来对待,那么就算让你中了一千万元的彩金,也是坏事一桩。因为你害怕中了彩金之后,有人会觊觎你的钱财。

生活中的不如意也是如此:失恋、离婚、失业、疾病、丧失亲人……所罗门说:"人有疾病,心能忍耐,也可承担;精神若已崩溃,一切就会成空。不幸来临,有的女人表现出心灰意懒,自暴自弃,让美丽在岁月蹉跎中枯萎;另一种女人则是直面生活,心在梦在,让精神的美丽永远摇曳在不屈的抗争里。"

一位记者准备到一位生活在贫困线以下的女工家里"送温暖"。他打开这位女工的详细资料:丈夫早几年病逝,欠下了一大笔债,两个破房间,两个孩子,有一个还是残疾。女工微薄的薪水不仅要养三个人,还要还债。"她家里该成什么样子呢?女人和孩子蓬头垢面,一脸悲苦,蜷缩在又黑又潮的小平房里,屋里屋外没有一点儿鲜活的生活色彩。看到他的到来,母子三人哭哭啼啼地诉说着自己的不幸。"记者觉得一定是这样一幅情景。

第二天,这位记者怀着深深的同情,按地址找到了那个地方。但他惊讶了,甚至怀疑自己是不是找错了地方,以至于又向人核实了一遍。他看

魅力 第一夫人教你的品位课

见女人脸上的笑容就像她的房间一样明朗，漂亮的门帘是用纸做的，灶间的调味品虽然只有油盐两种，但油瓶和盐罐却擦得干干净净。女工递给他的拖鞋，鞋底竟是用旧解放鞋的鞋底做的，再用旧毛线绣上带有美丽图案的鞋帮，穿着好看又暖和。女工说："家里的冰箱、洗衣机是邻居淘汰下来送给她的，用着蛮好。孩子很懂事，做完功课还帮忙干活……"

这位女工是一位值得所有人学习的强者。所谓强者，就是在别人将你的财产，你的丈夫……你身外的种种一切都带走后，还不足以证明你是个弱者的。如果谁也拿不走你的快乐，你的自信，你内心的宁静，那么，你已经强大到不可征服。

对于乐观自信的女人来说，即使再漆黑的夜晚，她也能看到星星在闪烁；即使乌云再密，她仍然坚信太阳不久就会照耀头顶。她坦然地接纳着生活中一切不幸的遭遇，微笑的态度犹如在接受一种财富。她没有抱怨，没有忧伤，反而感到光明、快乐。她对记者诉说着太多的高兴事，那眼睛里流露出来的光彩，那种欢快折射出的美丽，使整个世界都溢彩流光、灿烂无比！

面对当今越来越复杂纷乱的社会，在背负巨大心理压力的同时，我们经常还会碰到各种各样的困难和挫折，如失业下岗、家庭变故、婚姻失败、学业不顺、经济困难等。当这一切突如其来无法解决时，一切取决于我们内心是否强大。

每个人的一生都会遇到诸多的不顺心，秉性柔弱的女人在遇到困境时，看不到前途的光明，抱怨天地的不公，甚至破罐子破摔，在精神上倒下；而秉性坚忍的女人在遇到困境时，能够泰然处之，认定活着就是一种幸福，无论是顺境还是逆境，都一样从容安静，积极寻找生活的快乐，不浪费生命的一分一秒，于黑暗之中向往光明，在精神上永远不倒。

其实，生活中很多事情是不管你愿不愿意接受，它都会发生的。著名的台湾佛学大师海涛法师说:"当今社会,不是让你去改变谁,而是你要懂得学会接受,以一个好的心态坦然地接受它。当你凡事都以乐观的心态去面对的时候,你会惊讶地发现,无论多么大的困难,都不是可怕的,世界原来竟是那么的美好,我们的生活处处都充满了阳光。"

作为追求美丽的女人,不仅要保持身体健康,而且还要心情愉快。身心适应的真正尺度是什么?那就是对生活的向往和你自己保持乐观的心态。

3.美由心生,因为善良所以宽容

1994年11月5日,美国前总统里根以一封公开信的方式,告诉美国人民自己患上了老年性痴呆症。在这之前的半年里,里根的病情迅速恶化,他刚刚写完告别信,病情就难以控制了。

南希为此曾在电话中不住地向好友抽泣,她说:"毕竟他(里根)经历了那么多的不幸——骑马事故、暗杀、癌症,我只是不能接受这一切。这比什么都严重。我父亲就是医生,我可以承受任何医学上的不幸,但这次……不行。"但生命中总有那么多不可承受之重需要人们去默默承受。只有在那一刻,你才能体会到作为人的一种韧性。长达10年之久,这位曾经受到很多人指责的贵夫人成了世界上最有名的护理员。她一个人的默默忍受,让人们见证了她的善良、执着和坚强。

善良是一种人生的境界,是一种对事情的高瞻远瞩,是一种从容的理解。善良的女人是高贵而成熟的,女人若拥有了善良,就会拥有一种美好的感觉,就会拥有一种亮丽的情怀,平凡的生命也会因此生动起来,普通的世界便会渲染出迷人的色彩。

有一种美丽,是我们看不见、摸不着的,它需要用心来感受,这种美丽就是善良。有时候你会发现,美丽如此容易,一个并不完美的外表,因有了美丽的灵魂,它折射出的美感竟是这样的动人心魄,令人匪夷所思。

莎士比亚相信,外在的相貌其实是内心世界的一面镜子,善良使人美丽。拥有一颗善良的心,远胜过任何服饰、珠宝和装扮。善良所带来的美丽,不仅发自内心,溢于言表,并且持久高贵。所谓相由心生,说的就是一个人的相貌是可塑的,人的心灵对他的外表有很大的影响,我们可以用自己的行为和思想来改变自己的相貌。

曾经在报上看过这样一篇文章,内容大概如下:

妈妈去上公厕了,妞妞头上戴着爸爸昨天给她买的生日礼物——一个红红的蝴蝶结,站在马路边静静地等待。一位拾破烂的中年妇女向妞妞讨水喝,妞妞连忙很有礼貌地把手中的矿泉水给了她。中年妇女一饮而尽后用手"摸了摸"妞妞的头,说:"你是个美丽而善良的好孩子!"妈妈出来后,立刻察觉到妞妞头上的蝴蝶结不见了,而此时妞妞还沉浸在刚才的快乐中,她把事情高兴地讲给妈妈听。妈妈最开始沉默不语,随即提出要带她去买新衣服。来到商店后,妈妈趁妞妞试衣服的时候又悄悄地去买了一个红蝴蝶结。妈妈回来时,妞妞已在照镜子时发觉蝴蝶结不见了,她扑进妈妈怀里哭泣,并说一定是那个中年妇女偷的。这时,妈妈从荷包里拿出刚买的蝴蝶结说:"傻孩子,妈妈是见你又蹦又跳的,怕你弄丢了这件生日礼物,所以才趁你不注意取下保管的。这都怪妈妈,没有及时告诉你。"妞妞的小脸蛋马上雨过天晴。晚上,妞妞戴着蝴蝶结进入梦乡,半夜,她竟意外地说起梦话,很清楚的几个字:"我是个,美丽而善良的,好孩子……"

第四章　跟美国前第一夫人南希·里根学宽容

这本是一件不好的事情,但妈妈的举动却使女儿永远地沉浸在阳光里,让她看到了真诚、善良和美好,这是一位多么有智慧的母亲,一种多么理智的母爱!可能那位中年妇女的夸赞是虚假的,但在妞妞的回忆中,那将永远是美丽与善良!

有时候,你也会发现,美丽竟能如此容易。而一个人,不管是否漂亮,是否聪明,若其心底盘着一条毒蛇,无论如何也难以让人喜欢。心里的瑕疵是真的污垢,无情的人才是残废之徒,善即是美。

善良的人外表并不一定美,他(她)的美在于内心。有句话说得好:"人不是因为美丽而可爱,而是因为可爱而美丽。"善良,可以使一个相貌平平的人增添几分可爱,几分美丽;善良,可以给一个女人增添几分"女人味"。女人可以不漂亮,但不可以不善良。

善良能使人美丽,美好的品行能帮你塑造美好的外貌。你做过的事,说过的话,动人之处都会存在心里,点点滴滴积累起来,渐渐改变你的眉目、鼻子和嘴巴,慢慢令你周身透出可亲、动人和美丽的光芒,充满迷人的魅力。真正的美,是从心灵深处散发出来的,它是善的代名词。这样的美,才会热烈、持久,不管你是18岁,还是80岁,都一样充满迷人的魅力。

《巴黎圣母院》中的卡西莫多是世界文学史上最著名的丑人,但在读者和观众看来,他实在要比那位卫队长和神父美丽得多。读者和观众之所以会有这样的审美感受,显然是因为他奋不顾身的善良。

至于生活中不断涌现的舍己为人者、无私奉献者及慈善家们,他们更是因为善良的品性与行为,令我们深觉可爱与可敬。是他们撑起了我们生活中的美丽,令我们在遭遇丑恶时得到帮助,并确信阳光是不会消失的,且明日更加灿烂!

善良的人,在生活中一定很美丽,善良的美丽在于她的内心世界的纯洁,每一个人都有她善良的一面,而一个有着善良之心的人会越来越美丽。

4.学会妥协,人生道路也会更顺畅

2002年是里根夫妇金婚之年(结婚50周年),美国民众向他们表达了衷心的祝福。当时,南希很高兴地说:"罗尼和我已共同度过这么多年,但我其实并没有感觉到有50年这么长。"当被问及两人幸福婚姻的秘诀时,南希表示:"婚姻不可能实现真正的平等,其中一方总要付出更多和学会妥协。这50年来,我们就一直在实践着这种付出和妥协。"

在人生中,我们总是向往着幸福。幸福可以说是女人一生追求的目标,但是真正的幸福是什么呢?是奢侈的物质享受,还是丰富的精神享受?是拥有一个幸福的家庭,还是一份成功的事业?其实不然,幸福没有固定的标准,也没有固定的模式,它是来自女人内心深处的一种感觉,它隐蔽在生活的每一个细节当中,同时,它也存在于每一个人的心中。当我们不再去计较得与失、对与错、名与利时,幸福已悄悄降临。

师徒二人东游,来到一个地方感觉腹中饥饿,师父对徒弟说:"前面有一家饭馆,你去讨点饭来。"徒弟领命到了饭馆,说明来意。

饭馆的主人说:"要饭吃可以啊,不过我有个要求。"徒弟忙问道:"什么要求?"

主人回答:"我写一字,你若认识,我就请你们师徒吃饭;若不认识,乱棍打出。"徒弟微微一笑:"主人家,恕我不才,可我也跟随师父学习多年。且说一字,就是一篇文章又有何难?"主人也微微一笑道:"先别夸口,认完再说。"

说罢,主人拿笔写了一个"真"字。徒弟哈哈大笑:"主人家,你也太欺

第四章　跟美国前第一夫人南希·里根学宽容

我无能了,我以为是什么难认之字,此字我五岁就识。"主人微笑问:"此为何字?"徒弟回答说:"不就是认真的'真'字嘛!"店主冷笑一声:"哼,无知之徒竟敢冒充大师门生,来人,乱棍打出。"

徒弟狼狈地回来见师父,说了经过。师父微微一笑:"看来他是要为师前去不可。"说罢,来到店前,说明来意。那店主一样写下"真"字。大师答曰:"此字念'直八'。"那店主笑道:"果是大师来到,请!"就这样,师徒吃完喝完不出一分钱就走了。徒弟不懂,问师父:"师父,你不是教我们那字念'真'吗?什么时候变成'直八'了?"大师微微一笑:"有些事是认不得'真'啊。"

男女的爱情中最需要的就是妥协与不较真。爱之火把两个人烧得傻里傻气,呓语连篇。男人发誓说:"我要把月亮摘下来给你梳妆!"女人相信了。男人又发誓说:"我要把星星摘下来做你的项链!"女人又幸福地相信了。对于爱恋中的女人,男人的誓言就是甜蜜的明天,她们明白摘月亮、摘星星其实是一堆永远实现不了的空口诺言,但她们更相信这是男人们许诺给她们的体贴和温暖。

其实仔细想想,男人的爱情誓言差不多全是捉襟见肘的。如果女人认起真来,略加考证,便可将男人的许诺驳得片甲不留。但女人乐于相信和默认它。不得不承认,女人的这种不较真,在某种程度上体现了她们的精明。她们面对男人那一堆一堆的爱情诺言不作批驳,反而自己十分认真地从中寻找被爱的温暖和幸福,她们一方面佯装糊涂,一方面却又体味着爱情的甜蜜。

有一位女士已是不惑之年,人们都称羡她的清醒和聪慧。可她先后谈了不少男朋友,到头来还是孑然一身。男友向她许诺:"房子问题很快就解决了。"她便会深入男朋友的单位调查,然后批驳说:"分房子根本就没考虑你!"男友向她许诺说很有可能要提升,她又进入他的办公室左论证右考察,最后又批驳:"你根本别抱幻想。"于是,她的男朋友像走马灯似的一个个走开了。因此,在谈到她的婚姻时,大家都唱叹说"她太较真了。"

"水至清则无鱼"同样适用于爱情,太较真也许就没有疯疯癫癫的爱情了。汉字的"婚"字,拆开来看,就是一个"女"字和一个"昏"字,这很让人玩味。假若女人不昏了头,说不定这世上就没有爱情和婚姻。世事沉浮,婚姻情爱,女人们还是不那么较真一些的好。

做个不较真的幸福女人。面对爱情,我们不去讲道理,不去计较对错,爱情来时好好珍惜,爱情走时洒脱放手,不求华丽的居舍,只求与爱人分享生活中的点点滴滴;面对生活,我们豁达从容,宁静淡泊,不会带着"放大镜"去吹毛求疵,追求完美;面对自己,我们轻松快乐,不会偏执苛责,可以伤心流泪,但永远不会丧失信心和勇气。

有了如此不较真的人生态度,我们的生活才会是幸福的。这种淡淡的幸福,给我们以宁静,给我们以平和,让我们在如水的生活里活得简单而有滋味。

5.偶尔装装傻,生活才会更舒心

"1981年年底,还没有哪个当代的第一夫人像我这样不受欢迎。"南希在她的自传里写道。在里根夫人的问题上,格罗瑞亚·斯泰纳姆在女权主义杂志《女士》上讽刺道:"这是一个'为数不多,自己根本不感兴趣,却创造了奇迹的妇女之一'。"同时,其他的评论家也怀疑南希有影

第四章　跟美国前第一夫人南希·里根学宽容

子总统的嫌疑,认为她随意地影响里根的政务。荒谬的是,现在反里根的女权主义者们却要面对保守的里根支持者而为南希辩护。对南希的攻击仅仅只是争论的前奏,真正的争论是被她的后任希拉里·罗德汉姆·克林顿所引发。

南希·里根召开了一个记者招待会,虽然记者被严格禁止提问,但仍然有几个人打破封锁。一个问题是针对里根夫人的宗教信仰的,众所周知,南希回答是克利斯汀(英文发音与基督教一词相近)·迪奥,她最喜欢的小吃,就是鱼子酱。有人问到外交问题,问她对红色中国(瓷器)怎么看,她故意装作没听明白说:"是啊,但最好别放在黄色的桌布上。"

第一夫人在遇到的种种质问与刁难时,如果不用装傻、装糊涂来应付,估计立刻就会招来巨大的政治波澜。我们的生活不也常常如此吗?遇事"看透不说透"是聪明女人的做法,但真想要做到,却不是容易的事。有人说,想要"真聪明",就要从"装傻"开始。一项关于在职场"装傻"的调查显示,在被调查的400名上班族中,有超过七成的人都有过装傻的经历,其中55%的人认为,偶尔"装傻"有利于促进同事和上下级的关系,16%的人会经常"装傻"。

(1)有些事无须挑明

工作中,不仅员工需要偶尔"装傻",作为管理者,有时也要装糊涂。

两年前,文婧在律师事务所做助理律师,虽然已经取得了相关的资格证书并有了两年的工作经验,但她始终没有转正。"当时我总在想,是我的资历不够,还是带我的老师看不上我,为什么不让我独立接案子呢?"

在日常工作时,老师总是只让文婧做一些搜集资料、备案、熟悉案情、找关系人等小事,可每当走入法庭,需要辩护时,老师就安排她在一旁"观战",从不让她正式参与,这让文婧很郁闷。"当时我觉得,老师说的做的，我都学会了，只差实践，可他就不给我机会。"文婧以为老师对她有偏见。为了能够尽快成为正式律师，文婧找她的老师谈过很多次，可老师总是说"时机不成熟"。

"我觉得在那里没有出头之日，所以就有了辞职的念头。"纠结考虑了很久，文婧将辞职申请放到了老师的桌子上，并告知一个月后，她就离开。"当时老师并没说什么，只是看着我说了句'知道了'。"看到老师冷冷的态度，文婧很伤心，这更坚定了她离职的决心。

在递交辞职申请的半个月后，老师忽然交给文婧一宗案子，并让她尝试着自己整理。接到卷宗的那一刻，文婧很激动。"老师终于肯放手让我独立完成了。"可没过一周，文婧又有些茫然了。以前跟老师一起处理案情时，并没有感觉案子多么复杂，都是老师让怎么做就怎么做，可真到了自己单打独斗的时候，就有些力不从心了。文婧这才明白，不是老师不给她机会，只是自己经验尚浅，还不足以独当一面，可辞职申请都交了，文婧顿时有些后悔。

眼看一个月的时间到了，文婧找到老师，想承认错误并要回辞职申请。可老师只问关于案情工作的事情，丝毫不提辞职申请。当文婧说想要回申请时，老师竟反问她："什么申请？你什么时候给过我？你要辞职，这是什么时候的事？"一连串的问题，问得文婧哑口无言。"别整天胡思乱想，看你那个没头绪的样子，这案子还是我来吧，你还得锻炼啊。"最后，老师甩给她一句忠告。

虽然挨了批，但文婧很高兴。从那开始，文婧加倍努力，再也不提"没有发展"的话了。如今，文婧已经是一名正式律师了，可说到那次辞职，她就惭愧："我从心里感激老师，如果老师当时没有'装傻'，给我留机会，我真的会自毁前程了。"

第四章 跟美国前第一夫人南希·里根学宽容

(2)遇事不要太"聪明"

秦芳是分公司的业务经理助理,为人机灵,处事圆滑,懂得察言观色。"做助理并不只是帮助上司打理琐碎的工作,一定要学会圆滑处世。"秦芳说,"尤其是处理比较棘手的问题时,千万不要太'聪明'。"

业务部新来的唐唐是公司总部某经理的亲戚,他的到来,无疑给业务部经理出了难题。作为经理,对唐唐他不能不管,却也不能管太严。

前一阵,正赶上公司每年一次去南方进行业务交流学习,唐唐也想参加,就向经理提出了申请。而在此期间,总部那位经理也暗示业务经理"给唐唐锻炼的机会",这让经理犯了难。让新人去南方学习,显然不合规矩,但碍于总部经理的面子,业务经理又不好推辞。为了给自己留退路,业务经理便将此事交给了秦芳,并嘱咐她"看着办吧"。

"我把唐唐安排在了明年的交流人员名单上。"秦芳告诉唐唐,会尽量想办法让他去。眼看出差日期临近,去南方交流人员的名单上交到总部,可里面没有唐唐的名字。总部经理向业务经理询问此事。秦芳向对方解释说,是她误解了经理的意思,所以就安排到了明年,今年的名单已经上报,所以不能更改了。当着总部经理的面,业务经理"批评"了秦芳,说她把事情弄得有些被动,他还一直向总部经理解释;而秦芳则满脸无辜,装作自己理解错了。事已至此,总部经理也没再说什么。

"这件事只能我装作理解错误,否则经理就真的被动了,而且对于这次本该去交流的员工来说,也不好交代。"秦芳说。作为助理,总会遇到类似情况,最聪明的做法就是"装糊涂"。

(3)懂装傻是自我保护

"锋芒毕露容易招人妒忌,懂得适当装傻,反而能让同事之间的人际关系更融洽,这个道理我也是刚学会。"丁兰说。

魅力 第一夫人教你的品位课

丁兰和明惠是一起进公司的,二人既是大学同学,也是好朋友,两个人的业务能力都很出色,实力也不相上下。然而一段时间以后,丁兰明显感觉到明惠的人际关系比自己要好,周围同事对她总是有求必应,有说有笑,对自己反而冷淡得多。

丁兰心里很不平衡,便暗中观察起明惠的一举一动,竟发现很多奇怪的地方。比如,明惠私下经常会和大家一起聊天,针对生活中的事情问这问那,有些明明是自己会做的事,也会在同事面前假装并不熟悉,然后诚恳地向大家请教。

还有一次,公司开会讨论年终项目的策划方案进展,老板在征求大家的意见时,顺势询问了一下在座员工对公司的福利待遇有什么意见和建议,让大家每个人都发言。同事们大多都积极参与,谈了谈自己的提议。但问到明惠,她却表示自己没有意见,同意丁兰的建议,并补充了几个注意问题。最终,丁兰和明惠的提议都得到了采纳。自从那次开会之后,丁兰便发现,凡是要大家提意见的公开会议,明惠从没第一个主动发过言,却总能在适当的时机表达出自己的看法。

"我以前认识的明惠伶牙俐齿、得理不饶人,才华也绝不逊色于办公室里的其他同事。可自从进了公司,我从未见过明惠在同事面前炫耀过自己的任何才能,还常常一脸微笑地'装傻'。"同时丁兰也发现,明惠的工作业绩却从来不马虎,凡是她工作分内的事,每次都完成得让人无可挑剔,也因此在同事之间有着极好的口碑。

"虽然当初对明惠的做法很不理解,但我现在明白那是她在自我保护,适当地装不懂,藏起锋芒,缓解了被孤立和戒备的尴尬气氛,同事之间也能一团和气、相安无事。"

俗话说,傻人有傻福,职场中也是如此,处处锋芒毕露、炫耀自己能力的人往往不会有大作为,大大咧咧、厚道的人反而更容易获得别人的好感。但切记不可一味装傻,关键时刻还是要机智,懂得适时地展现自己的才华,让老板看到你的亮点。否则只会让自己流于平庸,才能被掩盖,不是装傻而是真傻了。职场中的装傻,并不等同于一脸茫然、一问三不知,小事上装糊涂,该精明的时候精明,才是深藏不露的智慧。

6.不苛求完美,迎接生活的"意外之喜"

喜怒哀乐、酸甜苦辣组成了绚丽的人生和多彩的世界,因此,人生不必苛求完美。生活的最大魅力在于无法预知即将发生的一切,但我们却可以把握人生态度。坦然地接受遗憾,乐观地憧憬未来,才会让我们拥有精彩的每一天,或许也会收获生活带来的"意外之喜"。

美国波士顿女性健康中心的专家指出,全美约有一半女性有不同程度的追求完美主义的心态,女人们总是把追求完美当作一种成就。

女人比男人更容易要求完美。女人竭尽全力修炼自己的内功外底,以为自己做得越多就会越成功、越有价值,因此,女性的整体素质不断提高,而社会也将这视为对女性的一种赞赏。于是,我们看到很多女人,尤其是那些"三高"女性(高学历、高收入、高年龄):在单位,她们可以包揽同事因病假耽误的工作;下班回家,她们辅导孩子的功课,并让孩子品学兼优,兴趣广泛;晚上,她们还可以为丈夫的事业出谋划策……每一件事情她们都要亲力亲为,不论工作、生活还是感情,她们都希望在自己手里能做到最好。

魅力　第一夫人教你的品位课

女人这样完美起来很恐怖。北京大学精神卫生研究所的调查显示，25~45岁的女性多数期望完美，这部分女性普遍压力很大，来自生活、工作、社会的压力使她们神经极度紧张，尤其在遭遇不顺心的事情之后，会容易产生情绪低落、沮丧、忧郁等不良情感。其中10%的人正在遭遇抑郁、暴饮暴食和企图自杀等状况，却不为外人察觉和警惕。

成都日前针对职业女性压力做了一个调查，其中60%的女性认为，"因为追求完美，所以背负过大的压力"远高于"传统偏见和不公正待遇"所带来的压力。相对其他地方的女性，重庆女性向来独立、好强，往往希望自己把事情做到最好，而不依靠别人，而这也使得她们感到更加疲惫不堪，压力重重。

德国心理学家罗尔夫·默克勒表示，女性完美主义者往往缺乏自尊自信，需要通过他人的认同来证明自己。要改变这样的现状，女性需要找到原因，对自己和别人少提些要求，跨出完美怪圈。

现代女性在有了更多展现自我的机会之后，她们的成就欲望也日益增强。尤其是职业女性，总是希望自己在事业、家庭、情感等方方面面都能表现出色，所以竭尽全力地修炼自己。于是，女性的整体素质不断提高，社会对女性的要求也水涨船高，做"完美女人"的呼声此起彼伏。

在这片呼声中，女性开始变得对自己越来越苛刻，越来越无法容忍自己身上的"不完美"。充电的人多了，做美容的人多了，有心理问题的人也越来越多了——她们担心职位不稳固、情感不长久、收入不够用、人际关系不良好等。诸多的焦虑令女性感到危机四伏，苛求完美带来的最直接后果，是自我不满和否定，甚至失去自信。

女人们应该认识到，"完美"永远是相对的。真正的完美，其实取决于我们的态度——当我们对自己、对别人宽容时，当我们愿意从各个角度看待问题、接纳问题时，人生的美好就会不请自来。人生的真正意义不是

第四章　跟美国前第一夫人南希·里根学宽容

成功,而是幸福。

我们能做和该做的是:全面地评估自己、了解自己,不断加强自我肯定,解决可以解决的问题,接纳暂时无法解决的问题,让人生在自我把握中循序渐进。而如何摆脱完美主义的枷锁,以及给你生活带来的压力和阴影呢?方法其实非常简单。

(1)学习过健康的生活

选择自己喜欢的健身班进行锻炼,或养成晨跑的习惯,矫健的身影和红润的脸色会比任何妆粉更能使你年轻生动;工作之余逃离城市,让自己以最舒适的状态亲近自然,学会享受阳光,热爱生活。

(2)学会换个角度看问题

从心理上承认有不完美才是真正的人生。生活绝不可能一帆风顺,遇到挫折和处于低谷时,自信和乐观尤为重要,切不可自暴自弃。正因为生活中有让你感到沮丧、绝望的问题,你才会付出更多努力,才更懂得珍惜所得到的,即便事情不尽人意,即便失败,但那也和成功一样,构成了你丰富的人生体验,让你不枉活一世。

(3)不要对自己过分苛刻

工作上给自己定一个"跳一跳,能够着"的目标,只要对得起自己的努力和良心就好,不要太在意上司和同事对自己的评价。否则,你一旦遇到挫折了,就可能身心疲惫。不要为了让周围每一个人都对你满意而处处谨小慎微,还是要有点"我行我素"的气魄。不然,让所有人都满意,唯独自己不满意,对你又有什么好处呢?

(4)不要让自己的完美主义倾向变成负担

每个人或多或少都有一些完美主义倾向,其实并不需要太过担心。完美主义的你其实还有着众多优点,比如,严格自律、意志坚定、执着、周到、组织性强,这些优点只要发挥得当,不要只重细节而忘了主要目标,你绝对是一个训练有素的人。

承认不完美,但快乐追求完美。原本是希望自己快乐,但迷惘的人们总爱"牺牲快乐来追求完美"。不完美,但是快乐,这样的心态才是至尊法宝,才能引领我们一步步接近相对的"完美"。

7.积极向上,拥有健康的生活态度

　　1987年,南希·里根被确诊患了乳腺癌。她没有选择乳房肿瘤切除术,而是立即接受了乳房切除术。南希的这种做法得到了后来很多乳腺癌患者的效仿。乳房切除术曾让很多乳腺癌患者讳疾忌医,毕竟,美丽的乳房是女人一生的"情人"。不过,南希说她希望的是健康地活着,她要一劳永逸地绝对地战胜癌细胞。她最关心的是自己能否健康地活下去,其他的事情不重要。她以第一夫人的大将风度,以实际行动告诉所有女人——健康比什么都重要。

　　如果没有健康,那么优雅、时尚、魅力等一切也就成了镜中花、水中月,没有赖以成长的土壤。越早开始呵护自己的健康,遵从健康的生活方式,就越可能远离疾病的威胁。日常生活中,我们要警惕以下健康误区。

　　(1)习惯跷二郎腿

　　最近,美国医生发起"让妇女们放下二郎腿一天"的活动。原因是太多长期久坐的职业女性们都患有不同程度的腰背痛,直接原因就是跷二郎腿的坏习惯。调查发现,长期跷二郎腿还容易引起弯腰驼背,造成腰椎与胸椎压力分布不均,长此以往,势必压迫脊椎神经,而且跷二郎腿还会妨碍腿部血液循环,造成腿部静脉曲张。所以,还是赶紧把二郎腿放下来吧!

第四章　跟美国前第一夫人南希·里根学宽容

(2)不注意乳房自检

乳腺检查的最佳时间是两次月经之间。首先，熟知自己正常乳房的外观很重要，在充足的采光下观察两侧的乳房是否匀称，乳头及乳房是否有凹陷、红肿或皮肤损害。然后从乳房上方开始，用指腹按顺时针方向紧贴皮肤作循环按摩检查，要检查整个乳房直至乳头。用食指、中指和拇指轻轻地提起乳头并挤压一下，仔细查看有无分泌物。

(3)盲目节食减肥

爱美之心，人皆有之，职业女性尤其如此。为减肥而完全放弃肉类、脂肪及奶制品，人体就会失去对生命至关重要的维生素、钙、铁等微量元素，出现脱皮、指甲变脆等问题，所以，减肥应在医生指导下健康地进行。

(4)锻炼模式一成不变

如果多年不改变锻炼模式，很容易造成经常锻炼的那部分肌肉劳损，而没有运动到的肌肉一直被忽视。长此以往，很可能使身体不成比例的发展。而且，从心理学上看，时常变换锻炼方式不仅使锻炼更加有效，而且更有新鲜感，也更容易坚持。

(5)不给自己"情绪化"的机会

从心理健康的角度来看，长期积压怒气会影响身心健康，怒气长时间得不到排解就可能变成忧郁情绪。一个懂得如何发脾气、正确发泄自己不满的女性才是一个心理成熟、健康的女性。喜怒哀乐本是人之常情，没有理由强迫自己控制情绪，从而忽视甚至否定自己的感受，适当地发泄情绪有利于身心健康。

(6)不知家族病史

你知道你的祖父母、外祖父母死于何种疾病吗？了解家庭成员的病史能帮助你提前关注相关脏器的健康。很多疾病，如糖尿病、心脏病以及某些癌症都会遗传。实际上，很多恶性疾病如果及早发现，治愈机会还是很大的。

(7)避孕方式不变

避孕方法应随着身体状况的改变而改变。即使你比较习惯目前的避孕方法,也要在体检时向医生询问是否仍适合你现在的状况。5年前常用的避孕药未必仍适合你现在的身体。

(8)长期穿高跟鞋

高跟鞋跟部的过高设计并不符合人体力学,加上前部紧窄,长时间穿可造成足部变形,引发疾病拇囊炎、腰背部肌肉的韧带劳损,产生慢性腰痛和髋膝关节疼痛,这种不正确的受力姿势若持续下去,症状可能会加剧。青春期的女性穿高跟鞋还会影响盆骨正常发育,导致将来分娩困难。

(9)直接试用柜台的化妆品

化妆品柜台的唇膏已被上百人试过,如果在试用时不注意,很可能会染上疾病。无论是口红、眼影还是睫毛膏,还是在手背和手腕上试用比较安全。

(10)很久没有全面体检

很多疾病在萌芽时期的表现都不明显,每年定期体检可以帮助你及早发现、及时治疗。医生的建议是:至少一年做一次骨盆检查、分泌物涂片检查、临床乳房检查和性病检测;至少两年做一次血压检查和皮肤检查;至少5年做一次胆固醇和眼部检查。

(11)只去健身房锻炼

很多人都想抽时间去健身房锻炼,但由于工作和社交的忙碌总不能保证时间。其实,平时我们在工作中只要稍加注意,就能预防很多缓慢形成的疾病,例如颈椎病就是其中一种,平时在办公桌前坐姿端正就能预防颈椎病的发生。

第五章

跟俄罗斯前第一夫人
斯维特兰娜·梅德韦杰娃学社交

　　说起俄罗斯前第一夫人斯维特兰娜·梅德韦杰娃,世人可能所知甚少,但她在俄罗斯却是大名鼎鼎。早在2008年3月红场的大型音乐会上,俄罗斯总统普京和接班人梅德韦杰夫双双登台,普京像摇滚明星一样撩起群众的热情,梅德韦杰夫在一旁却显得羞涩不安。不过说起他们背后的妻子,角色似乎又调转过来了。在公共场合,柳德米拉·普京娜很少与丈夫一起出现,而且有人批评她时尚品位太差;反观梅德韦杰夫的妻子斯维特兰娜·梅德韦杰娃,却是俄罗斯各种"最佳着装榜"上的常客,而且经常活跃于名流聚会、时装展示和慈善活动等诸多场合。无论是时尚、艺术,还是宗教、慈善,斯维特兰娜都在丈夫身边细密地编织着千丝万缕的人脉关系。

　　这位前第一夫人是位不折不扣的社交高手,当梅德韦杰夫和斯维特兰娜结束青梅竹马的爱情长跑结婚之后,她很快成为家庭前进的"发动机"和梅德韦杰夫事业的"规划师"。她不仅安排家庭的日常生活,还为丈夫的事业定调。她以自己的魅力织起人际关系网,为丈夫所用。在梅德韦杰夫成为俄罗斯总统的辉煌时刻,斯维特兰娜长袖善舞的社交能力得到了最有力的证明。

　　然而,并不是只有第一夫人和上层社会才需要社交,在每一个女人生活的方方面面都离不开社交,一个女人社交能力的强弱直接决定了她的个人魅力指数与生活质量高低。

1.亲切一些，拒绝做冰雪冷美人

生活中的斯维特兰娜很会放松自己，在许多场合都是令人瞩目的焦点人物，即便丈夫在场，她也不会羞于展示自己的组织才能。2007年夏天，在中学毕业25周年的庆祝会上，斯维特兰娜承担了庆祝活动的组织工作，整个晚上麦克风不离手，一会儿作为同学代表发言，一会儿与老师合唱。与穿着足球衫、有些腼腆的梅德韦杰夫相比，身穿考究白色西装、身形俏丽的斯维特兰娜更引人注目。毫无例外，活泼开朗、亲切随和的女人无论在哪种场合都是最受人欢迎的明星，而那些冰雪冷美人却让人感觉冷风阵阵，身边的人会在不知不觉中对她敬而远之。

像斯维特兰娜这样的女人身上往往有一种魔力，像磁铁一样，无形之中在她的周围产生巨大的磁场，吸引人们不由自主地向她靠近，乐于与她交往——这种力量就是亲和力。亲和力会让别人向你敞开心灵窗户、情感大门；让别人乐意接受你作为他的朋友；让别人心甘情愿地帮助你战胜困难。

那么，如何提升这种亲和力，使别人愿意和你交往呢？相信下面的这些建议值得你一试。

(1)要以对待亲人的态度对待别人

亲人之间当然是休戚与共的，所以，你要是想让对方感受到你的亲切，就应努力与对方取得共识，保持态度一致，寻找思想共鸣。亲人之间会并肩而坐，因此，与人交谈时并坐，会使他人感受到你如亲人般的温暖。常说"我们"一词，会让人产生同伴意识，以亲人之间的称谓来招呼对方也会让对方备感亲切。如果你在与他人交流时，以"二哥""大姨"相称

第五章　跟俄罗斯前第一夫人斯维特兰娜·梅德韦杰娃学社交

或者直呼其名,会一下子拉近双方的距离。此外,还可以适度谈论自家私事。如果你把亲人之间交谈的私事讲给他人听,他人就会把你看做"亲人"。

肯尼迪在竞选美国总统时只有40岁。在和声名显赫的尼克松举行电视辩论时,因为他轻描淡写地说起了自家的私事"我和我的妻子正在等待着生下新的婴儿",便一下子拉近了与美国民众之间的距离,从而取得了决定性的胜利。

(2)要让对方因为你而从内心里笑起来

对他人的优点予以夸奖,会让他从内心里笑起来,这样,他一定会对你产生好感。也可向对方的家人赠送他们喜爱的礼物,这会让对方产生你是"亲人"的感觉。与人聊天时,多讲些小笑话。小笑话是消除紧张感、增进亲密度的润滑油。他人在哈哈一笑之后,不会不对你留下好的印象。

(3)利用暗示指出别人不足

暗示是无声的语言,正所谓"只可意会不可言传"。一个眼神,一个手势,一个会心的微笑,一束期待的目光,有时会起到千言万语所起不到的作用。暗示也是批评的巧妙手段。含蓄、委婉的暗示,会让生活减少摩擦和不快,会使人与人之间变得更加默契温馨。

(4)经常赞美拉近双方距离

建立和保持良好的关系,别忘记经常赞美别人。一句赞美在拉近双方距离的同时,也为良好关系的建立打下了坚实的基础。赞美除了直接用语言表达外,还有其他的方式。比如,表达自己的思念、喜欢、快乐,但是,注意强调是对方带给你的。这是一种无形的赞美。

(5)学会沟通,打开心门

沟通是交际的桥梁,掌握良好的沟通技巧可避免误解带来的伤害。很多时候,我们对事物的认识容易停留在自己的理解层面,在发表自己的看法时,容易忽视或排斥他人意见。而沟通则让我们更多的了解他人的想法,拉近彼此的距离。因此,要学会沟通,打开心门,接受他人,开放自己。

(6)要维护对方的自尊心并为对方着想

你可以在他人处于困境时,帮他树立信心,使他走出人生的低谷,也可指出对方所存在的潜力。像"如果你像五年前那样继续苦练字,那么你会成为书法家的",这些话语,会使对方对你产生强烈的亲切感,同时还可提供给对方他所感兴趣的信息。这样,他就会因为找到知音而对你产生好感。

另外,在关键时刻帮助别人化解尴尬,也可让他对你备感亲切。一次,大家闲谈时,西西说:"我每次洗完脸后,都要擦上'黄瓜洗面奶'。"话语一落,周围的人立刻哈哈大笑起来。一些人当面奚落西西的无知,因为"洗面奶"是洗脸用品,不是"润肤霜"之类的化妆用品,西西满脸通红。此时,好心的丁玲出面打圆场:"西西是说洗脸要洗两次,才能洗干净。况且'黄瓜洗面奶'作为化妆品用,也不错呀!它一样可以养颜护肤呀!"丁玲的几句话,使西西摆脱了尴尬,她十分感激丁玲。

(7)要利用差错效应让对方觉得可亲近

在交际场合中,就如何使人觉得亲切这点来讲,可望而不可即的"圣人"不如有血有肉的"凡夫俗子",这就是差错效应。利用差错效应可以让对方觉得你易于接近。下面这些做法可供参考:

着装时,有意于齐整中露出一丝凌乱,会令对方感到亲切;或偶尔做些笨拙的举动,可缩短双方的心理距离;或有意在举止上出个"小意外",可消除紧张感;或偶尔做出点小乱子,可使你更具魅力。

上述这些方法可以大大提升你的亲和力,让你身上的"磁力"越来越强,周围的"磁场"越来越大,让你身边的朋友越聚越多。

第五章　跟俄罗斯前第一夫人斯维特兰娜·梅德韦杰娃学社交

2.认真打造自己的"权贵"圈子

　　斯维特兰娜善交际，活力四射，虽然她不问政治，但多数人认为，她对丈夫的事业起到了不可忽视的推动作用。她为丈夫的事业理顺了关系，使他得以从大学教师转行从事国际贸易，从而获得在普京身边工作的机会，进而进入俄罗斯政坛最高层。

　　早在丈夫被普京选为接班人之前，斯维特兰娜就频繁出入上流派对，她最有名的朋友是顶级服装设计师尤达什金和俄罗斯歌后普加乔娃。普加乔娃在政坛人脉甚广，这令梅德韦杰夫从中受益。同时，斯维特兰娜积极地与俄东正教会加强联系。2007年，她领导了"俄罗斯青少年精神道德文明计划"，这个计划由东正教领袖阿列克谢二世创立，影响广泛。斯维特兰娜在自己的家乡圣彼得堡建立了精神残疾儿童孤儿院，投资青年人电影制作，还和孩子们一起散步、玩耍。东正教会为了表彰斯维特兰娜的杰出工作，授予她"俄罗斯东正教女子勋章"。这一切都在随后的总统选举中，帮梅德韦杰夫赢得了更多的选民。

　　我们不得不惊叹于斯维特兰娜的社交能量，而她所打造的这个权贵圈子确实是很成功的典范。一个女人在人际交往中，要学会突破自己的小圈子，形成自己的"权贵"圈子。所谓"近朱者赤"，跟一些优秀的社会精英多接触，必定会让你受益匪浅。

　　正如欧洲首席致富教练谢菲尔所说："要想成功，经常和已经取得成功的人士打交道是有好处的，少和不思进取的人在一起。这些人很可能为人都不错，然而对于你的成功没有什么帮助，只有负面影响。"

魅力 第一夫人教你的品位课

关雪大学毕业后进入了一家化妆品公司工作。她在学校主修的专业是哲学,对商务活动的各项事务都很陌生,于是,她利用业余时间去了解一些经典的营销策划方案。

一次非常偶然的机会,关雪得到了董事长的欣赏和肯定,从此信心大增,越来越有干劲,在公司里的发展十分顺利。董事长成了关雪的"贵人"。

有一天,老总召集全体员工开会,宣布公司马上要实施一个新的项目,并说明了这次策划方案的大体要求。关雪冥思苦想了一会儿,突然灵机一动,想起她刚看过几个类似的经典案例。第二天,她把自己的想法跟那些案例结合起来,做了一份详细的意见书交给部门经理。

三天后,老总把关雪叫进了自己的办公室,让她再具体描述一下自己的设想和思路。关雪开始认真地叙述。这时,有一位中年男人从里间走出来,静静地坐在另一侧的沙发上。

接下来,老总又问了好几个问题,关雪都对答如流。老总对这些回答非常满意,连连点头。旁边的那位中年男人走过来,对她说:"你叫什么名字,在哪个部门?你的想法很好,非常实用,我们相信你一定能做好!"

关雪怎么也没有想到,这位仪表端庄的中年男人竟然是公司的董事长。得到了董事长的肯定和表扬以后,她的积极性一下子被调动起来,自信心越来越强,做出的方案也一个比一个棒。

后来,董事长每次来公司视察时,都会表扬关雪几句。而她在工作上也变得一帆风顺,职位一再提升。

贵人有各种各样,首先就是你身边那些握有资源、权力的人。从广义的角度来说,那些对你有知遇之恩的人,比如你的领导和上司,偶尔接触到的成功人士,把重要任务和高难度工作交给你的人,甚至对你挑剔苛刻但又给你机会改正的人,都可能成为你的贵人。

第五章　跟俄罗斯前第一夫人斯维特兰娜·梅德韦杰娃学社交

拥有自己的"权贵"圈子,并利用好这个资源,是让自己获得快速发展的重要方法。那么,女人怎样才能打造自己的"权贵"圈子呢?

(1)创造更多与他人接触的机会

对于许多女性来说,她们生活的环境或从事的职业很难接触到更多的人,更别说"权贵"了。确实,当工作和生活的节奏越来越快时,女人们不仅要努力工作,还要不断学习,参加团体活动的机会也越来越少,那么你就不妨把聚会、工作和学习合为一体。

亲友团:在家庭内部、亲戚和朋友圈中,总有欣赏你的人存在,他们和你性情相近,志趣相投。在他们身边,你会自我感觉良好,精神振作。他们喜欢你,因为你的快乐而快乐。因此,你必须为你的个人关系圈抽出时间,这样才能让你保持恒久的动力。

社交圈:与私交关系相比,有些人略显疏远,你或许只能在各种俱乐部、兴趣爱好小组、不同名目的聚会上碰到他们。你们拥有一些共同的爱好,比如散步、远足,或看电影等。

专业圈:这个关系圈显然比别的更为疏远。你只能在本专业的协会、学会、同学会,专业会议和工作场所见到某些人。你可以在各种培训活动或者会议中结识他人,拓展你的社交圈。

(2)再穷,也要站在富人堆里

这里说的富人,不仅仅指物质上富有的人,还包括精神上富有的人。一个人要和什么样的人交往,要付出多大的精力和财力去实现这些交往,这个主动权在我们自己的手里。是不是突破自己目前的交际圈子,昂首挺胸地钻进富人堆里,决定权也在我们自己的手里。如果你渴望成功,那就不要害怕与顶尖人物进行交往。顶尖人物并不是神明,他们也有交往的需求,也有需要帮助的时候。拒绝与顶尖人物进行交往,实际上就是拒绝了自己成为顶尖人物的机会。

只有多结交成功人士,站在成功者的队列里,你才能够用他们的方式考虑问题,渐渐拥有成功者的思维方式。同时,他们有自己的人际关系,消息灵通,可能一句话就会改变你的命运。正因为有这样的机遇,所以你的目光一定要放远点。

(3)真心待人,与人为善

有时候,我们很难一眼就看出谁是将来能给予你帮助的人,因此你在结识朋友的时候,千万不能有急功近利的想法,不要觉得他人暂时帮不上你,你就待人冷淡。只有真诚待人,你才能换来他人的诚意,这当然也包括你的"贵人"。

平时不要板着面孔,对别人不闻不问,这样会让他人对你避之不及。待人要亲切有礼,经常微笑,这会让周围的人觉得你很容易接近。发生矛盾时,你也要设身处地地为对方多想想。与人为善,会增进别人对你的好感。

(4)加强沟通,增进感情

俗话说:"人熟是宝。"如果你想接近一些优秀的成功人士,首先就要对他们多了解、多熟悉。当然,你平时就要多花些时间同他们加强联系,相互沟通。

沟通的方法多种多样,其中最直接的方式就是多接触。见面是增进人与人之间互相了解的最佳途径。抽空给对方打个电话,发个短信,因为简短的问候和祝福也会温暖人心。如果你能够做到这几点,那么说明你是个有心人,你的"权贵"圈子就会越来越大。

你的"权贵"圈子并不能百分之百地保证你能获得升迁,但你由此可以提升自己,并获得更多的机会。你可以从你的"权贵"圈子中找到改变命运的金钥匙,然后靠自己的智慧、努力和坚毅来获得成功,最后得以和那些"权贵"比肩而立!

第五章　跟俄罗斯前第一夫人斯维特兰娜·梅德韦杰娃学社交

3.尽早开始提高交朋友的水准

　　怎样才能嫁给一个总统？俄新社给出的答案是：成为未来总统的同班同学，至少同校。希拉里在耶鲁图书馆遇到了单相思已久的克林顿；戈尔巴乔夫在莫斯科大学念书时认识了赖莎；奈娜在乌拉尔工学院读书时嫁给了同年级的叶利钦；而梅德韦杰夫在中学时就爱上了斯维特兰娜。

　　对于女人来说，早早结识那些还没开始发光的潜力股不仅仅是为了结婚，在未来的人生路上，这些人脉才是你最大的财富。

　　人脉是一种无形的资产，它可以为你带来实实在在的帮助，也可以化作有形的财富，只要你善于经营人脉，利用人脉，你的人生之路一定会越走越宽广。可是，我们应该认识谁？又该如何去认识他们呢？

　　首先，找出人脉中8%的关键人物。

　　据统计，决定一个人一生生活质量的人只占一个人所有人脉中的8%，正是这为数不多的8%决定和影响了我们的一生。他们极可能是你的导师——帮你指出人生路上的迷惑，指明人生方向；可能是一位医术高超的医生——能帮你和你身边的亲友减少健康方面的顾虑；可能是一位熟知国家法律的律师——使你不会因日常生活中的纠纷而困扰；也可能正是你的爱人——在你人生中最困难的时候无条件地给予你最大的支持和鼓励。

　　这些重要的人物影响和决定了你的一生，所以，与其将多余的时间浪费在毫无意义的娱乐、聚会上，不如将时间更多地分给这些重要人物。

　　其次，你要明白——真正的友谊需要沉淀。

　　千万不要以为有过点头之交，你们就可以成为朋友了，要知道，真正的友谊是需要积累和沉淀的,像比尔·盖茨与他的老友史蒂夫·鲍尔默,他们的友谊长达几十年,他们不仅是商场上的战友,私底下也是很要好的朋友。

最后,抓住你的"入门票"。

人脉就是普通人借以改变命运的入门票,这张入门票你我都可以轻易拥有,如果你很好奇社会精英们的世界究竟是怎样的,那么,不妨从得到这张入门票着手吧。

4.让嫉妒走开,离你越远越好

有心的女人从不去嫉妒别人,因为她们知道嫉妒只会蒙蔽了自己的眼睛和心灵;她们会用欣赏的眼光去肯定别人,把别人的优点当成自己努力的目标。

莎士比亚说:"嫉妒是绿眼妖魔,谁做了它的俘虏,谁就要受到愚弄。"在现实生活中,嫉妒是一种极端消极和狭隘的病态心理,是人际交往中的一种心理障碍。嫉妒使人变得卑下、猥琐、怨天尤人,甚至失去理智。嫉妒让人不再懂得公正待人,还会限制人的交往范围,夺走人的交往热情,甚至能够把朋友变成敌人。

有人问亚里士多德:"为什么心怀嫉妒的人总是心情不好?"亚里士多德回答说:"因为折磨他的不仅是他自身所受的挫折,还有别人的成就。"

心怀嫉妒的人,总是贪心地想让自己比别人更胜一筹,比别人获得更多的名利。如果发现有谁比自己还强,那么他们就会不舒服,心情会变得

第五章　跟俄罗斯前第一夫人斯维特兰娜·梅德韦杰娃学社交

极差,于是想方设法去阻碍别人的发展和成功,甚至用一些损人不利己的办法,结果往往是搬起石头砸自己的脚。

黑格尔说过:"有嫉妒心的人自己不能完成伟大事业,便尽力低估他人的伟大,贬抑他人的伟大使之与他本人相齐。"有时候,一个人不能取得成功,并不是因为他的能力不够,也不是因为他没有机会,而是因为他被嫉妒冲昏了头脑。

在2003年环球洲际小姐大赛中,来自埃塞俄比亚的佳丽,被众选手投票选为"最不受欢迎的佳丽"。这是因为在那场赛事中,她曾经把来自45个国家参赛佳丽每个人身上的缺点都如数家珍地说了个遍,而且在面对夺冠热门选手,来自黎巴嫩的多米尼克·奥拉妮小姐时,她居然堂而皇之地质问道:"你笑得那么灿烂想给谁看?难道你以为自己已经是冠军了吗?"

埃塞俄比亚小姐的这番言辞,受到了众人的强烈谴责,她被选为"最不受欢迎的佳丽"。

最后,来自黎巴嫩的多米尼克·奥拉妮荣获当年的冠军,"出言不逊"的埃塞俄比亚小姐名落孙山。这样的结果当然是每个人都愿意看到的,但埃塞俄比亚小姐却不这样认为。赛后,她在更衣室内大哭大闹,满口脏话,完全撕去了伪装。

埃塞俄比亚小姐之所以"恶语伤人",正是因为她犯了许多女人的通病——嫉妒,这是令所有人都讨厌的一种坏毛病。犯了嫉妒的人,往往无法从别人嘴里得到一句真心话,这样的女人,没有人愿意靠近她,或是帮助她。选美赛事原本是世界上最美丽、最聪慧的女子们的聚会,每一位参赛选手身上都有令人眼热和望尘莫及的特质。如果有谁犯了嫉妒的毛病,那么面对这么多完美无缺的佳丽时,下场恐怕只有一个,就是被"活活气死"。反之,如果能把目光投放到别人的优点上,欣赏人之所长,修正己之所短，这样才能更添一分从容带来的宁静之美。

一位哲人曾经指出："嫉妒是一种四处游荡的情绪，能用之的只是闲人。"这句话切中了善妒者的"要害"，那就是受嫉妒的人大多闲得发慌。这一点通过观察现实生活中产生嫉妒现象的事例，便可以得出。善妒者的表现大多为说风凉话、泼人冷水、喋喋不休、论人长短。而这些行为不正是闲人们才有时间做的事吗？如果没有时间，哪来那么多工夫去对别人品头论足呢？因此可以得出这样一个结论，那就是聪明的女人肯定不是闲人，所以她们没有品评别人的时间，当然也就不会对别人产生嫉妒，无论对方比自己漂亮还是比自己聪明。因为她们知道自己所具备的智慧可以填补一切不足，同时她们也坚信，拥有卓绝不凡的见解，照样能赢得别人的尊重！

其实，大千世界，芸芸众生，由于机遇与境遇各不相同，人难免会分成三六九等，或意气风发、飞黄腾达，或穷困潦倒、一事无成。但意气风发、飞黄腾达者也并不是没有缺点，而穷困潦倒、一事无成者也并不是没有优点，正所谓"尺有所短，寸有所长"，每个人都有自己的长处和短处。因此，与其嫉妒他人的长处，不如化嫉妒为动力，用自己的奋斗和努力去弥补自己的短处，从而消除与他人之间的距离，甚至超越他人。这才是一个有心计的聪明女人应该做到的。

既然对女人来说，嫉妒是一剂有百害而无一利的"毒药"，对我们的生活、工作、事业甚至人生都会产生消极的影响，那么想要成就大事或者享受幸福的生活，女人就必须摒弃这种不良的心态。

以下几点建议可以帮助你克服嫉妒心理，当嫉妒情绪在你心里产生时，你不妨试着体会一下。

①坦诚相对，将心比心，设身处地站在别人的立场想问题；

②培养达观的人生态度，自得其所，自得其乐；

第五章　跟俄罗斯前第一夫人斯维特兰娜·梅德韦杰娃学社交

③尽量不去与别人攀比,如果要比就多与自己的过去比;

④把别人的成就看作是对社会的贡献,而不是对你个人的剥夺或威胁;

⑤学会欣赏别人,通过欣赏别人来呈现自己博大宽广的胸襟;

⑥向对方透露自己想要达成的目标,提高自己在对方心中的地位,然后把这作为促进自己上进的动力;

⑦充实自己的生活,扬长避短,寻找新的自我价值,充分发挥自身具有的潜能,开拓新领域,建立新的动力定势。

真正的强者需要埋头苦干,培根曾说:"每一个埋头沉入自己事业的人,是没有工夫去嫉妒别人的。"因此女人应该按照自己的信念去生活,不随别人之大流,自然就不会产生嫉妒心理。

5.锦上添花,真诚地为别人鼓掌

我们常说"雪中送炭比锦上添花宝贵得多",雪中送炭也的确很重要。1991年,斯维特兰娜利用和伊利姆·帕普公司一位老板妻子的关系,帮助梅德韦杰夫结识了一些商界人士,成功跻身商界,并在20世纪90年代中期成为俄罗斯依利姆纸浆公司下属木材公司的主管。2002年,该公司与"铝业大王"杰里帕斯卡发生冲突时,斯维特兰娜施加压力,迫使梅德韦杰夫干预,帮助昔日同事躲过一难。富贵腾达之时不忘老朋友,这确实是斯维特兰娜在社交圈中大受欢迎的原因之一,只是在生活中,需要雪中送炭的事情往往没有那么多,而我们身边一定会有人时常需要我们的祝

魅力　第一夫人教你的品位课

福。当朋友们需要祝福时，从来也不会缺少斯维特兰娜真诚的祝愿。

为什么有的人只能共患难，不能共富贵？因为人的妒忌心燃烧起来，往往比同情心要猛烈得多。当一个人处于弱势的时候，人们容易对他萌生同情心，可是当两个相互竞争的人势均力敌的时候，谁都不想落于人后。

就像某些职场经理人一样，他们常常处在一个尴尬的位置上。当企业需要他们的时候，企业创始人可以对他们"三顾茅庐""礼贤下士"；可是当他们真的大干一场，有了业绩之后，如果不知收敛自己的锋芒，那么危险就来了，他们会招致很多元老们的妒忌，然后可能"生事"。

在一个人脆弱的时候，你给予温暖，他能记住。在一个人出色的时候，你给予赞同，至少证明你不妒忌。一个不妒忌的人会有好人缘，而好人缘，慢慢会引来好的人脉。

小美在一家规模很大的通信公司工作，她学历不高，原本只做过两年的职业培训，后来一个偶然的机会进入公司。

公司里的很多活动，比如当某个人有什么好事要请客的时候，其他人一般会以各种理由推脱不参加聚会，但是小美不会，她真的做到"以人喜为己喜"，她不妒忌别人。

同事有喜事要聚会吃饭了，她高高兴兴地去联络大家。部门组织活动，她积极制订路线，甚至连安排订车这样的麻烦事儿，她也配合相关的同事一起做，路上还不忘给大家准备一些必要的防护物品。

就这样，调薪的时间到了。小美升职加薪，没有人感觉不满意，相反，大家觉得凭以往她对大家的好，升职之后会对大家更好。

借此提醒大家，社会总在变化，有一些观念要随着时代的发展及时转变。如今的人际关系中，不但雪中送炭的事你可以尽力做，锦上添花的小

第五章　跟俄罗斯前第一夫人斯维特兰娜·梅德韦杰娃学社交

事也是不能忽略的。不过常常有一些人，他们心存善意，却总是藏于心、不善表达。

其实有时候，表达一份善意没有那么难，也并不需要多大的勇气，我们应该把这种表达看成是一件很自然的事情。例如，你的同事做了一个项目，为公司创造了巨大的效益。除了领导以外，如果其他同事纷纷私下里表达了对他的赞赏，而只有你不表达善意，对方就会对你有不同的看法。

当然，这并不是教大家去讨好别人，只是你要知道，你的想法不表达出来，别人真的不知道，因为通常人们只关心自己，谁也不会猜到你的心思。

举这样一个例子：大家坐在办公室里，某个客户走了进来，可以看出客户的心情是非常好的，你只是坐在座位上，用眼神和客户对接了一下，表达了善意。而你的一个同事与客户交情虽然一般，但是他站起来，微笑着和客户打了个招呼。你说自己心里比你的同事更在乎这个客户，客户却并不知道，根据你的反应，他也不会这么认为。

试想一下，如果你是客户，看到两个人对你不同的反应，你会觉得谁对你更在乎一些？

与其他人的交往也同样如此，当你想对一个人表示善意或者想让对方回应你的时候，无论是沟通还是写邮件，在介绍自己的过程中，不要忘记给对方量身定做一些话题。这当然需要做些功课，而不是仅仅恭喜对方最近获得了某个大家都知道的殊荣。

此外，你的表达中还要凸显自己的价值，别计较对方能为你做什么，而是要说，你觉得自己可以为对方做一些什么。也许我们成不了第一个帮助别人的人，那么从现在开始，就努力成为第一个为他人鼓掌的人吧。

6.闭嘴,长舌妇不可能有真正的朋友

你是不是常常会有在背后说人是非的冲动？你或许总是忍不住拿朋友的糗事开涮，觉得这样也无伤大雅，但你的朋友们可不会这么认为……事实上，当你在背后说别人是非的时候，那些听众朋友们不仅会觉得你很幼稚，更会质疑你对他们的忠诚度。那么，该如何改变这种不成熟的行为，重获朋友的信任呢？第一夫人斯维特兰娜告诉我们可以从以下几点入手。

(1)想一想,是什么导致了你那股在朋友背后说是非的冲动？你属于以下的那种情况

①缺乏安全感。那些缺乏安全感与自信的人往往喜欢道人是非。他们把他人批评得一无是处，以此来安慰自己的内心。简言之，就是一种寻找心理平衡的畸形的方式，希望通过贬低别人来抬高自己。

②因为无趣。你可能是个不会聊天、不懂社交的人。为了补救这种不足（而且真的是懒到不想寻找新的话题），你也只能依靠出卖朋友来创造谈资了。

③出于报复。有些人不喜欢当面的对峙，生朋友气了也不会直接说出来，就通过说朋友坏话来解气。有些人报复心很重，甚至在跟朋友和解之后依然会这么做。

④出于保护其他朋友。当身边朋友指控你喜欢说三道四的时候，你是不是感到很委屈？因为在你自己看来，你这么做仅仅是为了保护他们——你想要警告他们小心提防朋友圈里的某个人，因为你不想让他们吃亏。但事实上，就算那个人伤害过你，也不代表他会伤害到其他的人，

第五章　跟俄罗斯前第一夫人斯维特兰娜·梅德韦杰娃学社交

也许他对他们还不错呢。你还是让朋友们做出自己的判断吧,不要把自己卷入不必要的战争中去。

⑤出于幽默。你可能觉得那个人做出的丑事很搞笑,但幽默不代表你可以自以为是、贬低他人。这样的"幽默"只是无聊的八卦而已。

⑥考虑不周。你可能觉得你朋友的脸皮很厚,跟别人抖抖他们的糗事也无伤大雅,没有必要顾忌他们的感受。你的朋友虽然嘴上不说,但不代表他们没有感觉。你应该时时刻刻关心别人的感受,不要贪图一时的快感而伤害到别人的自尊。

现在,你已经初步了解到了自己喜欢说人是非的原因。下一步,就该学学如何弥补过错了。

(2)想想你给朋友造成了怎样的伤害

如果你想戒掉说是非的坏毛病,你就要回想一下自己都说过什么,再想想这些话给你的朋友造成过什么样的伤害。设想一下,如果换做是你的朋友在你背后说过同样的话,你会有什么感受呢?下面,我们来看看你可能对他人造成的各种伤害。

①个人名誉受损。在他人背后说闲话,无论是真话还是假话,都会给他人的名誉造成损害。说出的话宛如泼出的水,造成的损害是难以挽回的。如果你的朋友伤害了你,而你是出于报复心理而故意贬低他,你就要改变一下自己解决问题的方式——毕竟这样的报复只能造成彼此间的伤害,而不能有效地解决问题;如果你这么做只是因为考虑欠妥,或仅仅是为了牺牲你朋友的名誉而使自己在圈子里更受欢迎,那么,你真的该检讨一下自己的为人了。

②商业信誉受损。因为纯粹的个人原因,或是出于单纯的妒忌,你难道就忍心毁掉你朋友的商业信誉吗?他很可能会因为你的恶言恶语而丢了工作!如果你不希望造成这样的后果,那就一定要考虑清楚。因为你说的话很可能会损害你朋友的工作前景和商业收入。

③家庭声誉受损。即使你只是在贬损你的朋友,你说的话也很可能会伤害到他的家人(包括他的孩子)。他的家人都是无辜的受害者,你为什么要如此残忍地伤害他们?

(3)准确判断:到底什么该说,什么不该说

说话之前要三思,无论是好话还是坏话,你都要考虑到当事人的感受。或许你只是想跟大家分享朋友的好消息,却没有意识到当事人希望你能保密(比如类似怀孕或升迁之类的消息);又或许你刚刚跟好友吵了一架,你找了另一个人发泄你的不快,但却没有想过一个不知情的人听后会有什么样的想法。

(4)面对事实,问问自己,如果你在背后说人闲话,大家会怎么看待你

想想这种行为对你自己造成的后果吧!那些被你侮辱过的朋友将不再信任你,也不会再告诉你关于他的任何事情。如果你总是"大嘴巴",你身边的人也会觉得你不可信,甚至认为你毒舌、报复心太强。长此以往,你将不只失去那些被你侮辱过的朋友,那些觉得你不可信的人也会渐渐离你远去。下一次,当你再想说人闲话时,想想这会给你自己的形象带来怎样的负面影响。

(5)己所不欲,勿施于人

如果朋友在背后说你闲话,你会高兴吗?同样,你也该想想那些被你侮辱过的朋友是什么感受,以及他们今后将如何看待你。当闲话快到嘴边时,试试把你自己的名字加到正准备说的话里,比如:"你们知道吗?XXX(你的名字)这个人好脏,每周只洗一次澡,恶心死了!"你希望大家知道你每周只洗一次澡吗?如果大家都知道了,你也会觉得尴尬吧?想想你的朋友,他也会有同样的感受。

(6)学会守口如瓶

一定要自觉回避各种聊八卦、说是非的场合,不要因为社交需要就让自己再次堕落。防止自己在背后说人闲话的最好方式,就是不参与任何

第五章　跟俄罗斯前第一夫人斯维特兰娜·梅德韦杰娃学社交

八卦类的讨论。比如,你正在和一群朋友聊天,他们突然提到了你朋友的名字,并开始闲聊关于他的事。这时,你可千万不要透露任何情报信息。你可以听别人说,但你一定要学会保持沉默(当然,你也可以提醒一下在场的朋友,这样在背后说别人闲话是不对的)。你还可以尝试把话题引到别的地方,说说其他的事情。但如果实在无法控制场面,你可以借故离开。如果你的朋友问你有什么看法,你可以简单地说"我不知道啊",然后不再插嘴。

(7)权衡利弊

促使你在朋友背后说闲话的原因很多,但归根结底,你是想要赢得更多的关注。如果你曾试图通过说朋友闲话来贬低他们,抬高自己,或是仅仅为了迎合话题而信口开河,那你就应该衡量一下——是在一群陌生人中受欢迎更重要,还是让一个会在你生命中支持你、忠于你、信任你的朋友开心更重要?当然是后者。如果你说朋友坏话是因为他曾经做错了什么,从现在开始,不妨让自己释然吧。忘掉他对你的伤害,也原谅他曾经犯下的错误,彼此好好谈谈。

(8)向你的朋友道歉

如果你的朋友知道你在背后说他坏话,那你就鼓起勇气向他道歉吧。不管他愿不愿意接受你的道歉,你都应该停止这种行为并为自己的言行负责。主动道歉传达了你希望和好的态度。道歉时千万不要找借口,要直接承认你的错误。向你的朋友坦白,告诉他你已经认识到了这种行为的愚蠢,并向朋友真挚地道歉。最后,向他表明你已下决心改正错误,表示你不会再说他是非,也不会在未经同意的情况下把他的事情告诉别人。

(9)只说朋友好话

记住这句话:"这个世界上只有两种人:朋友和陌生人。你爱你的朋友,所以你不应该说他们的闲话;你对陌生人一无所知,所以你没有资格说他们的闲话。"

7.人生如戏,社交场合适当戴戴面具

第一夫人的定义是什么?斯维特兰娜说:"总统夫人并非只意味着'第一夫人',这是份工作……我习惯了这种想法——丈夫在做非常重要的工作……不能说他的个性非常普通,那是谎话。换成另一种性格,可能无法解决他手头的问题。没有足够坚强,就不能成事。这些年他改变很多,毕竟有新的生活和另一个层次的责任,即使最亲近的人也不能替他分担。但从另一方面说,他的改变也不多,还是当年我认识的那个7年级的季马。"

斯维特兰娜很清楚,第一夫人这份工作是艰苦的。在公共场合,好比在显微镜下。例如,有摄影师拍到她若有所思地咬指甲,这幅照片立刻流传开来,配文是:"梅德韦杰夫的夫人在隆重的会场上咬指甲!"有摄影师拍到总统夫妇并肩行走、第一夫人低着头的照片,配文是:"第一夫人说:'季马,看,5卢布!'总统说:'我一会儿给你5卢布。'第一夫人说:'你哪来的那种东西?'"她去参加莫斯科国际电影节开幕式,记者们发现大厅里闷热难耐,而她却若无其事、平静地微笑着。如果她做不到"平静地微笑",记者又会怎么写呢?

梅德韦杰夫理解妻子的难处。"在我当总统前,家庭生活简单得多,妻子能比较独立地安排生活。现在想那样就不可能了,举个最简单的例子,如果我们要去某地出席官方活动,她和任何女人一样,希望别穿得那么正式,但又必须穿上深色套装。"

连站在一国之巅的第一夫人都必须要时刻戴上面具演戏,更何况你我这些平凡女人呢?

第五章　跟俄罗斯前第一夫人斯维特兰娜·梅德韦杰娃学社交

身在这个竞争激烈的社会，谁也无法避免激烈的竞争和无所不在的压力，女人在社会中的竞争和压力并不比男人小。现在的职业女性所面临的问题越来越多，越来越难。这些问题不仅涉及单纯的技巧，背后还有复杂而深刻的原因，而且大多数都起源于或反映在日常生活中。女性在社会中拥有多重身份，肩负着工作和生活的重任，忙活着大大小小的事情。同一个女人，在不同的时间和场合，她的身份和职责就会截然不同：在工作场合，身兼助理和主管的责任；回到家里，既是妻子也是母亲……每种角色所承担的责任、发挥的作用，以及体现的个性可能完全不同。如果说人生就像一场戏，那么这场戏中的女人们都是生活中的演员，只是各自扮演着不同的角色。

然而，真正的问题在于，随着生存压力的不断增大，很多女性往往弄不清楚，或者经常混淆自己的职场角色和家庭角色。比如，她们在下班后还将心理压力和工作中的处事方式带回家里，或者上班时将自己在家里的喜好和习惯带到工作中。于是，各种矛盾和冲突就随之产生了。

29岁的李丹是一家外贸交易公司驻外办事处的负责人。她在事业上发展得非常顺利，步步高升。由于公司业务繁忙，她需要出差洽谈生意，因此经常天南海北地"飞来飞去"，忙个没完没了。

这种长期忙碌的工作状态和行事习惯，让她的处事风格变得非常地强硬果断，雷厉风行，而且她在家里也慢慢表现出独断专行、发号施令的一面。她不喜欢多作解释，而是直接要求家人做这个做那个。她待在家里的时间越来越少，与丈夫、女儿缺乏沟通。因此，丈夫对她的感情逐渐淡漠，婚姻危机慢慢显现，同时，她与父母和亲戚之间也出现了情感隔膜。

不仅如此，以前她在朋友圈中大受欢迎，人缘很好，现在由于她喜欢

魅力 第一夫人教你的品位课

有事没事地夸耀自己的工作成绩,朋友们从起初的羡慕、赞美到了后来的无言以对、窃窃私语。最近,只要她在聚会和饭局中出现,大家就纷纷躲开,唯恐她又拉上自己连侃好几个小时。

家庭关系和人际交往中出现的问题,给李丹带来了很大的精神压力和心理负担,也让她感到十分困惑。她本以为在事业上取得一定的地位和成就,就能够为自己赢得幸福美满的家庭和良好的人际关系,没想到现实却粉碎了她的美梦。

无奈之下,李丹只得向心理咨询师请教,希望了解其中的原因,并想知道自己该如何挽救濒临破碎的婚姻和人际关系,从而获得一个两全其美的方案。

咨询师建议她不要把所有的精力和时间都放在工作中。在忙碌的工作之余,还要学会抽离自己的职场角色,好好地放松心情。有时间跟丈夫、女儿出去郊游、玩耍,共同分享家庭的温馨和快乐。跟朋友们在一起时,多多倾听他们的烦恼和喜悦,适当地谈谈自己。

慢慢地,李丹做出了重大转变。在单位,她是一名精明强干的领导人;在家里,她是一个温柔的妻子,慈爱的妈妈,体贴的女儿;在朋友圈中,她又做回了细心友善的伙伴和爱笑爱闹的小女人。这样,她既及时释放了工作中的压力,又放松了身心,过得平静而快乐。

李丹在事业上一帆风顺,渐入佳境,在家庭生活和朋友圈中却遭到了排斥,很大一部分原因在于她混淆了职场、家庭以及社会角色。她无时无刻不把工作、事业放在第一位,不仅把工作任务和精神压力带回家,而且在亲朋好友中,她也无法脱离职场的特定形象和定位。

于是,家庭中的其他成员就很难从她身上感受到妻子的柔情、母亲的关爱,朋友们也无法得到她的友情和帮助。这意味着,他们已经看不到李丹应该具备的一些"女性"特质。长此以往,她周围的亲情、爱情和友情的和谐环境就遭到了严重的破坏,导致她的心理慢慢失衡,而且很快影响

第五章　跟俄罗斯前第一夫人斯维特兰娜·梅德韦杰娃学社交

到她的事业,让她无法全身心地投入工作。

实际上,一个女人要在事业、家庭和人际关系之间建立平衡是切实可行的。对于想要获得成功人生的女人来说,这些因素都很重要,而且缺一不可。盲目地追逐其中一种,就很容易忽略或轻视其他方面,迟早也会引发负面效果。

无论是事业、家庭,还是朋友圈、社交关系,我们都需要费心费力地好好经营。只有对生活充满热爱,对工作富有激情,才是美好的人生,关键是女性自身对生活、感情、事业的态度以及扮演角色的技巧和成熟程度。

每个女人在每个阶段、每个时期的目标不同,对于各个目标的实现就会有先后次序方面的不同。因此,女人要在不同的阶段、身份、地位中扮演好不同的角色,在每一个舞台上都做一个"好演员",发挥出各个角色特定的个性,实现各种角色特有的价值。这正是女人获得幸福的不二法门。

生活中最好的"演员"就是那些在事业、工作、家庭、朋友之间,不仅能力所能及地完成自己的事情,尽到自己的本分,而且还能够全心全意、尽职尽责地付出的人。这样的女人,无论在哪个舞台都会是最出色的演员,最闪亮的明星。

8.助人为乐有底线,求人帮忙有上限

俗话说:"在家靠父母,出外靠朋友。"靠朋友,就是靠别人的帮忙。老人们常说,自己力所能及的事情,尽量不要去麻烦别人,因为求别人帮忙,就会欠人家的情。而人情也是一种"债",欠了债当然要还。如果一个人欠债太多,不论钱债还是情债,都不会过得很开心。

在生活中,你最难偿还的债务,不是金钱,而是人情债。"滴水之恩,当涌泉相报"是人际交往时要遵循的金科玉律。如果你欠情不还,就会被痛骂为忘恩负义的小人。比如前面雪中送炭的事情,斯维特兰娜为了偿还老朋友的人情债,不顾丈夫职务的敏感"迫使"梅德韦杰夫出面干预了伊利姆·帕普公司和"铝业大王"杰里帕斯卡的经济纠纷,引来了众多不满与负面效应。

很多女人依赖性很强,遇到一点事情都要请求别人的帮助。自己生了一点小病,马上就让同事为自己代班工作;手头紧了,立刻向周围的人借钱;工作丢了,自己不努力去找,而是让别人介绍新工作。结果,人家怕被她"缠"住,渐渐地疏远了她。

相反,还有很多女人,热衷于给别人提供帮助,无论对方是否愿意接受,她都孜孜不倦地奉献出自己的"爱心"。别人生病了,她马上嘘寒问暖;别人缺钱了,她恨不得把自己的全部家当都拿出来救急;别人失业了,她又恨不得把自己的工作让给别人。她们总是表现出一副"爱心大姐"的样子。结果,别人却因为不想欠她太多的人情,而离她越来越远。

一方面,求人办事,会让你产生"不好意思"的亏欠心理或负疚感;另一方面,很多人情债,常常让你借得起却还不起。一旦别人帮了忙,就等

第五章　跟俄罗斯前第一夫人斯维特兰娜·梅德韦杰娃学社交

于你赊了账,不管何时何地、用什么方式,你始终都要偿还。如果别人只帮你解决了一时的小问题,等你酬谢过后,这笔人情账可能也就还完了。但如果有人在关键的时刻拉你一把,帮你解决了人生大事,恐怕你就很难还清这笔人情账了。

倘若碰到居功自傲的人,他每次看见你就说:"当初要不是我,你怎么会有今天!"那这辈子你都会欠他的人情,在他面前你要时刻恭敬谨慎,否则就会背上骂名。

当然,你不可能由于害怕"还情"而永远不欠人情债,做到"万事不求人"。"一个好汉三个帮",谁都难免会有向人开口求助的时候。然而别人只能解一时之困,你若想实现长远的目标和梦想,还需要自己敢于拼搏、努力奋斗。

在一般情况下,求人帮忙很难。但如果对方欠了你的人情,请他们办事就比较容易。就像《水浒传》里的宋江,要论文才武艺、家世财富,他没一样拿得出手,但他却偏偏当上了梁山泊众多好汉的首领,原因就在于他是"及时雨",懂得在别人最需要的时候给予帮助。

人人都需要别人的关心和爱护,但每个人希望获得的帮助各有不同。在日常交际中,聪明的女人不妨学学宋江,遇到他人需要扶危解困的关键时刻,不妨主动伸出援手,奉上人情;有能力的时候,你更可以多关照别人。这样,你何愁没有好的人缘?

其实,帮助别人,并不需要付出很大的牺牲和代价。对于陷入困境的人来说,吃一碗热腾腾的米饭,喝一口暖茶,也许就能让他度过最寒冷、最凄凉的时刻;而对于迷失方向的人,几次推心置腹的开导、劝解,就会帮他走出歧途,重新树立人生目标。

但你千万不能为了显示自己的乐善好施、乐于助人,就在公众面前装模作样,把自己打扮成一副"慈善家"的样子。你应该记住,帮助别人的事不要常挂在嘴边,更不能时时以恩人的身份自居。否则,别人不但不领情,反而认为你装腔作势、沽名钓誉。

真诚的帮助一定是发自内心的,只有真心地帮助人,才能让大家相信你。也只有心甘情愿地为他人着想,才能打消对方的顾虑,乐于接受你的帮助。

事实上,我们难免会看见一些帮助他人却没有好报的故事,一个人最大的敌人可能就是那些得过他帮助最多的人。这是由于你过多的帮助让对方感到很自卑,而且你强大的实力和能力越发衬托出他的渺小无能。

古人常常说"施恩不望报",意思是说帮助他人不要要求回报。帮助他人时要真诚、自然,不要让他人觉得你的帮助是一种负担,是一笔"人情债"。这个时候,为了平衡他人的心理,你也可以接受他人的帮助,实现"礼尚往来"。

聪明的女人既要有助人的心意,又要把握助人的限度,千万不要帮过了头。

第六章

跟美国前第一夫人
劳拉·布什学驭夫

1975年，小布什从哈佛大学商学院毕业后，回到家乡米德兰，进入石油商界，成为当地首屈一指的青年才俊。而这时的劳拉也从大学毕业，迁往奥斯汀，担任一家图书馆的负责人。对两人都很熟悉的琼·奥尼尔竭尽全力地为两人牵线搭桥，可劳拉都一一回绝了。她的理由很简单：自己对政治不感兴趣，不会与有意进军政界的小布什有什么共同语言。

直到1977年，小布什和劳拉两人才在一次野餐会上相遇，并于3个月后闪电结婚。对此，两人的朋友吃惊得快晕过去了，因为他们早已不对两人的关系抱什么希望了。

从多方面来说，劳拉和小布什是截然相反的两种人：小布什是一个出了名的懒汉，而劳拉是个爱整洁的人，每次洗完澡都会把浴室打扫得干干净净；小布什看书偏重理科，而且看完书喜欢到处乱扔，而劳拉则博览群书，自己的书柜总是收拾得整整齐齐；小布什喜欢出风头，爱耍嘴皮子，容易冲动，劳拉则喜欢过远离公众的生活，遇事沉着冷静，说话不多却总能切中要害。可也正因为这些不同，使两个完全互补的人走到了一起。正如劳拉所说，她给小布什的生活带来了平和，而小布什则给她的生活带来兴奋与激情。

> 劳拉对小布什影响最大的一件事,就是帮丈夫戒了酒,引导这个一度令老布什夫妇极为头疼的"坏小子"一步步走上生活正轨。小布什当年曾是个酗酒成性的酒鬼,虽经家人多次劝告,但仍恶习不改,最终在妻子劳拉的训诫下戒了酒,足见劳拉对他的影响力。布什家族的友人曾戏称劳拉是个"实权型的妻子",她的"驭夫术"就是以柔克刚,而且招招制胜。

1.每一个成功男人的背后都有个好女人

布什曾说:"我要感谢我的妻子,是她让我明白了人生的真爱,并且能够时刻提醒我该做和不该做的事情。她使我的生命充满意义,使我的人生变得平和。我非常高兴美国人民能有机会发现我已发现了多年的秘密——劳拉是个内外兼修的美丽女人。"

有位婚姻专家说:"事业是男人的全部,而男人是女人的全部。妻子和丈夫的命运会紧紧地结合在一起,生活上如此,工作上也如此。"的确,夫妻是共同体,妻子没有办法不对丈夫的事业付出更多的精力。所以说,妻子的工作并不只是打扫房间,或挽着丈夫的手出席舞会,好妻子应是丈夫事业最大的支持者,最终将丈夫推向成功,共赏迷人风光。

拉美文学巨匠加西亚·马尔克斯,凭借长篇小说《百年孤独》这部魔幻现实主义文学代表作荣获1982年的诺贝尔文学奖。在出席第四届世界西

第六章　跟美国前第一夫人劳拉·布什学驭夫

班牙语大会时,他讲述了《百年孤独》写作和出版的艰辛历程。这部书的出版竟是靠他妻子梅赛德斯典当家中物品换来的。

经过10多年的酝酿和构思,1965年,马尔克斯才开始在墨西哥着手创作这部小说。为了专心写作,他辞去了当时在广告公司的工作。由于他失去了经济来源,维持一家四口生活的重担全部落到了马尔克斯的妻子梅赛德斯身上。小说写到一半时,梅赛德斯手上的5000美元已经花光了,他们只好当了汽车。再后来,他们又没钱了,梅赛德斯开始当自己的首饰,家里的电视机和收音机,唯独给丈夫写作用的新闻纸从未短缺过。梅赛德斯的全力支持终于换来了马尔克斯的成名之作,从而奠定了马尔克斯文学巨匠的地位。

后来,马尔克斯深情地回忆说,在长达18个月的写作期间,自己都不知道妻子是如何筹款维持生活的。要是没有妻子,他永远也写不成这本书。

梅赛德斯在家庭生活拮据的情况下,还无条件地支持丈夫写书,真是难能可贵啊!有这样一位鼎力支持自己的好太太,男人还有什么理由不成功呢?

一位在事业上取得成就并有专利获奖的总工程师在颁奖大会上满怀感激地说:"我在领奖时心里总怀有愧疚,因为这个奖有相当一部分属于我的妻子。我在这项课题的攻关中,有很多数据是带回家计算的。说准确点,是我的妻子帮我计算的。如果没有她的支持,我的这项课题能否完成还是个未知数。"一段感人肺腑的话,让在场的不少女人流下了感动的泪水。

支持并帮助丈夫获得成功,这本身就是一个需要敬业精神的工作。全力以赴支持丈夫是女人最能体现其价值的"终生职业"。作为妻子,在必要的时候给予丈夫应有的支持,不仅可以帮助丈夫获得成功,自己也能得到分享的权利。这岂不是件两全其美的事?

然而，我也看到这样的情况：在生活中，很多太太不支持丈夫的兴趣爱好，不支持丈夫有益的人际交往，甚至连丈夫喜欢的事业也不支持，还会不断地干涉、阻挠。男人娶了这样的太太，哪里还有成功的希望呢？

不要因为你的丈夫现在做的都是些毫不起眼、比较底层的工作，你就觉得他无须你的帮忙。要知道，凡事都有个过程，没有谁一开始就站上事业的顶峰，那些在工商界及其他领域的未来领导人物，在起步阶段也都是些毫无名气、没人知道的年轻人而已。你是否已经准备好如何应对十年、二十年或是三十年后你的丈夫已经成功的局面？或许到那时候，他已经是个顶尖人物了也说不定。

身为人妻，就算你没有足够的能力来支持丈夫的事业，至少你也可以在家做个贤内助，为他解决后顾之忧。比如，你可以把家庭事务料理好，可以替他在公婆面前多尽一份孝心，替他在孩子面前多尽一份责任……这样他就能抛却所有私心杂念，全心全意地投入到事业中去。

无论丈夫的职业是什么，每一位妻子都有责任训练自己，提高自己，妻子如果有能力和旁人亲切相处，并且对社交有足够的应付能力，她就可以使丈夫成功的机会大大地增加。记住，如果你希望自己的丈夫也被列入成功人士的名单，如果你希望自己能成为成功男人背后的那个伟大女人，你就必须尽自己所能大力支持丈夫所从事的事业。

"一位成功的男人背后一定会站着一位伟大的女人。"这句堪称至理名言的话语对于任何一个时代来说都是有现实意义的，成功的男人背后需要一个不断进步的女人为他导航和鞭策，女人有时候也应追随着丈夫的脚步，不断地提高自己的素质，在事业的道路上与他共同前进。

第六章 跟美国前第一夫人劳拉·布什学驭夫

2.用心经营，"坏小子"也能变成好老公

结婚之前，小布什在众人眼中是个十足的"坏小子"，而劳拉却是理智贤淑的图书管理员，两人在生活、工作、个性等方面的差异如此之鲜明，以至于劳拉和小布什的婚姻在刚开始时根本没人看好。但是，劳拉用爱心与智慧让自己的婚姻牢不可破，把"坏小子"一步步调教成一个人人羡慕、万众瞩目的好老公。很多女人感叹"婚姻是爱情的坟墓""先生浑身都是坏毛病""好丈夫都是别人家的"……却从来不曾反省过自己是否在用心地经营婚姻，其实只要方法用对了，每个人都能拥有幸福的生活。

婚姻是一座城，但城里必须有足够的自我空间。老公不可能拥有天下所有男人的优点，妻子也不可能集天下女人的好处于一身。让爱长久的，不是男人的诺言，而是女人的信心。

常常见到这样的模范夫妻，男的英俊潇洒，谈吐不凡，一看就是万人迷，而他身边的女人，却与漂亮二字无缘，或是吕燕型，个性十足，每个部位都和别人不太一样；或是椰菜娃娃型，丑乖丑乖的可爱，却不入大众的眼；再就是眉目模糊型，看十次也不一定记住她的长相。

看上去已觉得反差极大，再经好事者揭秘更是惊讶，原来那帅哥老公婚前还是高杀伤级"坏小子"一名，他的手下，好妹妹死伤无数，一屁股风流债，偏偏就被眼前的小女子一举收服。别以为他只是倦了，随便找个人成家了事，人家的小日子还真过得风生水起，有滋有味。

怪了怪了，难道椰菜娃娃真是"坏小子"的克星？

有个一起长大的男同学，5岁时是每个阿姨都爱亲的小帅哥；15岁起

魅力　第一夫人教你的品位课

被一打以上女孩狂追过；25岁，差点当了三个孩子的爸爸。该同学"恃帅行凶"，常常在事后哀求我们替他善后。29岁那年，在和最新一任女友分手后，他大冬天的独自跑到东北长白山散心。开春的时候他露面了，同时还带来一个惊人的消息：他结婚了，和途中遇到的外省驴友，而他竟然厚脸厚皮地跑到人家家里，办完喜事才回来。

终于在饭桌见到他的新娘。说句不厚道的话，每个人都倒抽一口凉气——整一个矮小肥胖版吕燕，脸上雀斑比吕燕还多，嘴巴形状比吕燕还不规则！大家打着哈哈要新郎新娘介绍恋爱经过，其实每个人心里都有一句话：他怎么会看上她？

吃着聊着，我们看出了端倪，小胖吕燕性情极其大方自然，不怯场，不认生，聊天就聊天，喝酒就喝酒，既不介意自己长得不漂亮，更不会像一些走豪爽路线的美女，豪气中带了三分作。和她一起吃饭，每个人都感觉舒服。这点舒服，也许就是对"坏小子"最具杀伤力的武器了。"坏小子"们一路抛洒感情，应付美女也是很累的，终有他不顺的时候，活该被好性格的小胖吕燕一举收服。

还有一对朋友，也是椰菜娃娃配"坏小子"型。椰菜娃娃自知长得不美，不能凭姿色笼络老公，但人家说了："除了漂亮脸蛋，其余全是我的长处！"多豪气，很给不美的女孩长志气。她身材玲珑，该凹则凹，该凸则凸，这方面敢和任何美女比试；她心灵手巧，厨房里十八般武艺样样拿得起放得下，一个人整一桌宴席都不成问题。"要拴住男人的心，先拴住男人的胃"成了她的口头禅，看来真灵；她还是老公事业上的得力助手，自己有自己的天地，又做起摄影师老公的经纪人、创作总监、现场助理以及其他一切角色，让人暗自担心他老公离了她可怎么活？这样的面面俱到，不是没有用心的，又有哪个美女肯放下身段赔上时间来做这些？

见得多了，我也终于有点明白。"坏小子"从小到大不缺美女，他们缺的，是纯良的真女人，懂得他们内心需求的好女人，至于这样的女人是美是丑，对他们来说已经不重要了。

其实，这样懂得男人心的女人，每一个男人都需要。事实上，不是因为男人优秀才需要女人有爱心有才华，有智慧的女人在任何一种婚姻里都能获得幸福的回报。平凡生活里面的甜蜜，一样能够让人刻骨铭心。

3."放养"男人，幸福会离我们更近

电影《手机》曾经对"放养"男人好还是"圈养"男人好进行了热烈讨论：一位男主人公费墨，被妻子牢牢地看住，结果他被看得老实了；另一位男主人公严守一，被妻子放养出去，结果被"放"得毫无拘束，最后被妻子直接放弃了。

这是导演用艺术夸张的手法对"圈养"男人和"放养"男人所进行的荧屏演绎，二者代表着两种极端的态度。而在实际生活中，这样看似光怪陆离的事多不胜数。有的妻子回家要翻看老公的手机、闻身上的香水味，不允许并怀疑老公与异性朋友交往；有的妻子要求老公务必每天5个电话、20条短信，外出汇报行踪，跟朋友同事聚会出示有效证明……

可现实却是，越来越多的人在对老公严防死守的"婚姻保卫战"中越走越远了，正所谓"圈得住我的人，却圈不住我的心"。

婚姻中，最重要的是彼此间的相互信任和相互尊重。在此基础上，对男人适度"放养"，是一个女人的聪明之举。女人若是处心积虑地要老公

魅力　第一夫人教你的品位课

和自己每天黏在一起,是很容易消耗完彼此的热情和激情的,夫妻间也容易产生敌视与轻视情绪。

聪明的女人总会多去理解丈夫来自工作和事业方面的压力,鼓励他多交朋友,参加社会活动。所以,女人可以采用适当"放养"的方式来对待老公,给他适度的自由空间。当然,对男人"放养",只是一种放手而已,绝不是放弃。

前第一夫人劳拉在白宫的东厅有一间属于自己的独立办公室,一般每天傍晚7点前准时下班。劳拉是个讲究生活规律的人,每当布什和他的助手们下班后在办公室闲扯时间过长,以至于忘了回家时,劳拉就会来到布什的办公室,非常礼貌而又坚决地打断他们的聊天,对布什的助手说:"对不起,我想让丈夫陪我做点事。"这时布什往往笑着说:"瞧瞧,一下班就有比我更厉害的人了。"在工作、社交上,劳拉赋予小布什完全的自由,在生活上引导他一步步走向自律。据透露,劳拉经常以自己特有的方式潜移默化地影响着丈夫的生活。她平时说话不多,却总能一语切中要害。小布什曾直言不讳地向记者透露,是劳拉让自己集中精力干事情,而且时常提醒他什么该做,什么不该做。

男人到底是应该"放养"还是应该"圈养"?这是个很值得探讨的话题。所谓"放养",就是要让他有他自己的活动空间及朋友圈子。所谓"圈养",就是管紧自己的男人,从生活空间、活动范围、个人自由、工作到经济收入支出等都要约束。

有位成功男士坦言:"男人天生喜爱自由,不爱拘束。"所以,不要把丈夫拴得太紧。在你给了他足够的自由度之后,他反而更愿意回到你身边,就像是风筝,飞得再远,线还在你手里。让他自由地与天空对话,然后乖乖地回家,才是聪明的做法。

据说,小布什的总统竞选口号是"布什在哪里?布什在家里",这个口号提出后,着实让美国的女人感动了一把。当然,这涂抹了甜蜜家庭色彩

第六章　跟美国前第一夫人劳拉·布什学驭夫

的政治口号,无非是想利用温情实现政治目的,倘若布什天天陪着娇妻劳拉,误了国事,那就罪不可赦了。

聪明的女人,会在夜里把自己放在男人的胸怀里享受他的气息,他的温情,而白天则把自己放逐于男人的世界外。

女人为爱画地为牢时,通常的做法是以男人为中心,随着时间的考验,女人感觉自己如陷牢狱,自食其果,痛苦不堪。在不能屈驾的岁月里,女人当以自己为中心,随着自己的感觉选男人,养爱情。

当你还在为婚姻苦苦挣扎时,别人的幸福生活却在精彩非凡地进行着。看看周围,那些让人羡慕的别人家老公真的很多,细心留意他们是不是有着共同的特征呢?

①他们的打扮一般都很入时,不像别的家庭妇男,穿的都是主妇们在商场打折时抢购的衣服;他们的妻子一般不会拉他们逛商场,所以他们的衣服依然是到婚前喜欢的品牌店里购置。

②打电话寻找他们的时候,可能会听到:"对不起,你拨打的用户不在服务区内"。其实不用担心,他们一般都会过十几分钟打回来,然后优雅地解释刚刚为什么不接电话,理由条条都合情合理,让人不得不服。

③归家时间观不强,他们不像"圈养"男人,在下班前十分钟就已经收拾好桌子,就等秒钟一到时,开始飞奔回家报告老婆。"放养"的男人都比较悠闲,可以慢慢地喝上一杯咖啡再回家,行色绝对不会匆匆。

④"放养"男人最大的特点就是,他们还是鲜明的保留着男人的魄力。

⑤他们尊重并理解自己的妻子,也给自己妻子足够多的浪漫,同样也很支持妻子的生活方式。

"放养"的男人,其实就是高明的女子在这个世界里放的风筝,他们看似自由洒脱,妻子不管,家里不顾,但其实还是有很多形色可寻,让我们在人群中能一眼识别出来。

4.驭夫有道,合理对待男人的坏习惯

从挑选好老公的角度来看年轻时的小布什,他几乎拥有男人身上所有的坏习惯:他是出了名的懒汉;他在外喜欢出风头,爱耍嘴皮子,遇事不冷静;他喜欢酗酒,一喝酒就会喝到酩酊大醉……但是在遇到劳拉之后,他却变成了所有美国女人心中完美的丈夫形象。难道是一结婚,小布什的坏习惯就全部自动消失了吗?当然不可能,这一切其实全是劳拉步步为营的"训夫"成果。而小布什对劳拉的管理却甘之如饴,甚至一谈到妻子就两眼放光,爱慕之情溢于言表。

在我们身边,有多少女人在为了某些"鸡毛蒜皮"的小事,陷入了跟男人斗智斗勇的大战之中而无力自拔呢?

男人在外面为事业、为财富奋斗拼搏,但一回到家里,就变得越来越随便,越来越懒散,"坏习惯"一个接一个地显露出来,就算你不停地唠叨,他也改不掉,夫妻间时常还为此争吵甚至冷战。其实,是你不知道男人心里在想些什么。聪明的太太,只要多一点宽容,听听老公的苦衷,然后在适当的时候,尝试一些举手之劳的小动作,给老公一点爱的滋润,这样,你们的夫妻关系就会有意想不到的改善。

(1)坏习惯之吃完饭就躺在沙发上

老婆说:"老公每天晚上一回到家,首先是往沙发上一坐,一张报纸遮住大半张脸。吃过饭后就拿着电视遥控器,舒舒服服地躺进沙发里,几乎没有什么事能把他从沙发上拉起来,哪怕我不停地唠叨。"

老公说:"当我发现不但不能在家里诉苦,反而还要承受老婆的施压时,我便躲进了沙发。沙发不会恶声恶气地命令我去洗漱,因为身上再脏,脚再

第六章 跟美国前第一夫人劳拉·布什学驭夫

臭,沙发也不会对我皱眉头,更不会驱逐我。躺在沙发上,厨房里老婆绵绵不绝的唠叨声,也变得可以忍受。窝在沙发上,我才感觉到家的柔软与轻松。"

小动作:不要忙着做家务。家是男人真正放松和享受的场所,吃完饭不要忙着叫老公做这做那,约老公一起去散散步,打打球,或者手拉手到影院看场电影,或者去郊外散散心,或者一起去美发厅,这样的生活才会轻松愉快,这样的夫妻关系才会温馨和谐。

大道理:在男人唯一可以放松和休息的家里,女人的唠叨会把男人逼得四处逃窜。不得已,男人选择了沙发,把自己陷进去,寻找在这个家里残存的轻松与快乐。沙发之于男人,就像壳之于蜗牛,他用它抵御风霜雪雨。想改变男人的这个"坏毛病",就让自己给他的感觉像沙发那样温暖吧。

(2)坏习惯之用过的东西随手扔

老婆说:"只要老公在家里,总是隔几分钟就会问我:'老婆,我的那件白格子衬衣呢?''我刚用过的笔呢?''我今天带回家的CD呢?'……仿佛我是他的保姆。可是,有些东西明明是他刚刚还拿过,转眼就不知被随手丢到哪儿去了。穿过的衣服、袜子,更是经常东一只西一只的。"

老公说:"女人们总是要求我们进门要换拖鞋,免得踩脏地板;用完东西要放回原位,以免弄乱屋子;换下的衣服不要乱丢,免得污染环境……弄得我们紧张兮兮的,生怕一不小心就招来一顿臭骂。家不就是个放松的地方吗?又不是给别人参观的公园,脏一点,乱一点,又有什么关系呢?"

小动作:多做几个储物箱。趁没杂乱之前,先把这些物品归归类,该清除的清除,可保留的保留。为了简约起见,可将废弃不用的柜子或盒子利用起来,做成储物箱放在家里,用作分类储放杂物之用。每次用完的物品,就可以分类放入各个储物箱中,这样就起到了杂物既分类又集中的效果。收纳时,将常用的摆出来,不用的收起来;常用的东西放在随手容易拿取的地方,这样,就可以帮助懒人减少随地乱扔的次数。

大道理:女人对自己管辖的"领地"似乎都有一种极强的控制欲和

支配欲,尤其是家里,对环境的维护是件挺重要的事儿。而男人呢,在属于自己的领地里就意味着放松、随心所欲和自由支配。乱扔的衣袜,随手放的用品,都是这种心理的反映。因此,女人没必要因为这点小事和男人较真儿,只要在家里多准备几个储物箱,这样尽管他乱丢乱放,但至少省得满地乱扔了。

(3)坏习惯之回家沉迷玩电脑

老婆说:"老公下班回到家,喜欢一头扎到网上玩游戏,并乐此不疲。要不就看电视,看新闻,看球赛,或者随便看点什么,很沉迷的样子,要他少玩或少看一会儿他都不听,对我的话简直就是充耳不闻。"

老公说:"不知道现代男人看电视和上网玩游戏跟原始人坐在石头上遥望地平线有没有关系,但这些'沉迷'对我来说,确实是减压的最好方法。我可以暂时停止'现实'的思考,生活中很多现实的焦点都不再引起我的注意。而且我发现,最大的好处是我看电视时,听妻子的唠叨就像听新闻一样,觉得离自己很遥远。"

小动作:设计一次意外的聚会。试着改变老套的方式,在他出其不意时,请一些他渴望见到的老朋友聚会,一定会让老公有意想不到的惊喜;也可以为老公的喜事或生日搞一个庆祝活动,但不要告诉他你邀请了哪些人。在他沉迷玩电脑的时候,突然来了许多意想不到的朋友,比如他高中时的女同学和足球队友,或是以前赏识过他的老师和老板,老朋友的出现会令他喜出望外,惊喜的效果使他永远都会记得你曾经给他如此特别的感受。

大道理:在男人的潜意识中,潜藏着一种儿童心理。他们会对某些活动如踢足球、钓鱼、游戏、摄影、音响、上网等沉迷极深,从中获得精神上的放松。一般而言,这对他们应付工作压力是有帮助的。只是他们的沉迷,有时可能忽略了妻子。能够允许男人沉迷一些没有意义的小事是一种宽容,女人允许他们这样做,可能是一种更好的关心和爱护。

第六章　跟美国前第一夫人劳拉·布什学驭夫

(4)坏习惯之口里答应迟迟不动

老婆说:"每次要老公做事,他总是说'知道了,知道了',然后拖着不去行动,有时要我提醒多次才肯实施,要是不督促,拖上一两个星期也不稀奇。"

老公说:"女人一旦盼咐做什么事情,就希望看到立竿见影的效果,而我们男人常常会通盘考虑一下,再按轻重缓急的顺序去完成。这在没有说明的情况下,往往被女人视为拖拉。"

小动作:和他的老板聊聊。男人的工作是他的尊严和安身立命所在,假如有条件,做妻子的应该多关心一下老公的工作情况。找机会和老公的上司聊聊天,聊天时注意将话题引到你老公的工作和爱好上。因为上司是你老公生活中除你之外同样关键的一个人,通过与他接触,可令老公变得积极和主动。

大道理:在男人"不图进取"时,保持适当的沉默是一种宽容。男人的一生中不可能永远一往无前、雷厉风行。大多数男人总会有周期性情绪波动和行为上的调整。鞭打快牛、立竿见影的结果往往适得其反,因为男人并不总是需要激励。所以,你要巧妙地想办法,利用对他有影响的人,对他进行适当的鞭策。

5.娇柔一点,把家务分给男人做

当大家发现小布什与劳拉结婚几十年以来,每天清晨5点半都会给仍在床上的她端来一杯亲自煮好的香喷喷的咖啡时,心里真是无比的羡慕。即便是做日理万机的总统期间,他们依然如此。再转身看看自己身边粗枝大叶的男人,女人们多少会流露出"恨铁不成钢"的感慨。

结婚后,没有几个男人喜欢主动做家务。他们或多或少,尽可能地逃避着各种家务活,甚至堂而皇之地将家务活说成是女人分内的事情。男人们甚至想出各种招数使自己能远离家务活,比如做事毛手毛脚、慢慢腾腾。勤快的女人们看到这种情形,很快就会中招,她们不但将男人们弄得乱七八糟的烂摊子收拾起来,还会禁止男人再涉足此领域。望着女人忙碌的身影,恐怕有不少男人在暗自窃笑了。

男人对家务事敬而远之,甚至不惜大费周章地找借口逃避,女人对此大多是无可奈何、甚至深恶痛绝。但众男士自己却是另有一番说法,"我家老婆把家务全包了,根本就不需要我动手。""男人以事业为重,整天锅碗瓢盆叮铃哐当的像什么样子。""我每天在外打拼,早出晚归,老婆心疼我,就不让我做了。""婚前我做的事情够多了,婚后也该她做点了吧。"

但是,尽管男士们对此众说纷纭,综合起来,无非是以下3种类型:

(1)被老婆惯的

有洁癖的女性朋友不在少数,家中凌乱不堪,老公又不肯动手,情急之下便干脆自己动手做家务。人都是有惰性的,两个人在家里,如果一个人相对勤快,另一个人自然会变得比较懒散了。

(2)大男子主义深厚

也许因为我们的祖祖辈辈都是女人在家干活,到了21世纪的今天,仍然有绝大多数的男性同胞有着强烈的自尊心,认为家务就是女人做的事。在他们看来,如果自己承担了家务活,传出去就太没有面子了。

(3)纯属懒惰

他就是天生懒惰,没有任何理由。他总是在找各种借口逃避家务事,甚至不惜使用一些卑鄙的计策来让你对他妥协。

第六章 跟美国前第一夫人劳拉·布什学驭夫

早在结婚以前,莎莎就听众多已婚的姐妹们向她抱怨,"我家那死鬼,婚前还像模像样的,结婚之后全变了。懒得抽筋,擦个桌子都不动手的。"她一开始也不以为然,因为男友对她还不错,去她家总抢着干活,乐得她妈天天眯着眼睛夸奖她男友勤快。可是,结婚后没3个月,苗头就有点不对了。莎莎老公以前是主动抢脏活累活干,现在呢,不告诉他做家务,他就假装没有看见那些事情。更令人气愤的是,莎莎叫他擦地板的时候,五次里有三次他都喊肚子疼往厕所里钻;叫他帮忙洗下碗,他就到处找风湿膏药说手腕酸。莎莎这才意识到,姐妹们以前说的那个问题,还真是个事儿。

一开始,莎莎和大多数女性采取了同样的方法——吵架,强迫老公做事情。可是过了不久,这种方式的弊端就显现出来了。老公做饭的时候,莎莎总是发现米没洗干净;碗洗完了之后,家里的勺子也变得缺胳膊断腿的。很明显,吵架或者强迫,并不是明智的选择。

经过闺蜜的提醒,莎莎才明白,老公最近的这种行为,是在找借口逃避家务事。摔了东西,他也会心疼。要不,为什么他不摔碗要摔勺子呢,勺子比碗便宜啊。要是这个时候因为心疼那些器皿而不让老公继续做家务,可就中他的计策了。

莎莎决定充分发挥自己女性的优势和魅力。当老公再次推脱责任的时候,莎莎就开始靠在老公的身上撒娇了,"老公你最好了,帮人家把地拖一拖嘛,我去给你准备洗澡水……"莎莎老公一开始还不情愿,但是面对娇妻的连番攻势,终于败下阵来。莎莎也不闲着,老公洗碗她就帮忙递碗擦汗,老公洗衣服她就帮忙拿出去晾晒,老公做饭她就帮忙准备食材,时不时还软语几句:"老公你比我有劲,洗得比我干净多了。"一开始,还是莎莎和老公一起做事情,久而久之,老公做得越来越好,莎莎做得越来越少,家务的责任,就逐渐落到了她老公的头上了。

魅力　第一夫人教你的品位课

很多女人都信奉着一句话:"要嫁人就嫁上海男人,因为他们知道心疼女人。"但很多女人不明白的是,上海男人会做家务,全因为上海女人会发嗲。据说,上海男人在做家务的时候,上海女人就在旁一边嗑着瓜子,一边帮他打着扇子,嘴里还一边嗲声嗲气地说:"老公,你真行,XX家的男人比你差远了。"然后,那男人就担负起了家中的家务重任。江南女子那种娇滴滴的样子,吴侬软语,的确能让男人产生一种保护的欲望,自然脏活重活都抢着干了。男人总是希望能保护自己心爱的女人,看着面前娇小柔弱、需要帮助的女子,他们怎么也不会坐视不管。反过来看看,如果你是一位女汉子,就算嫁了上海男人估计也不灵验了。

大多数男人在结婚前会主动包揽脏活重活,这是因为要讨丈母娘和未婚妻的开心,所以需要主动表现出自己勤快的一面。结婚之后,老婆追到手了,整天柴米油盐酱醋茶的,生活失去了激情,勤快也失去了动力。同时,在锅碗瓢盆的叮当声中,大多数女人也放松了对自己的要求,不修边幅,甚至不再有女人味。男人也因此而变得懒散,婚姻开始变得没有生气,而男人不做家务,也变得有理由了。

查尔斯·李德曾经说:"一个女子最能使人心醉的迷人之处,莫过于在一个男子汉大丈夫的胸怀前表现出来的娇弱。女人的娇弱永远是对付男人最有效的武器。"男人毕竟还是心疼自己老婆的,只不过他们天生懒惰,要是女人没有显示出她们柔弱的一面,男人便不会去主动承担责任。

尽管男人不是童话故事中那头拉磨的骡子,不需要女人时时刻刻用一把青菜去诱引。但在恰当的时刻、恰当的情境中,女人恰到好处的娇柔、发自内心的真诚赞美和鼓励,还是会令男人喜不自禁地走进厨房,承担丈夫应尽的责任与义务。智慧的女人一定要记住这样一句话:"再好的男人,也是需要教化的;只要管得好,管得妙,没有男人会真的懒惰一辈子。"

第六章　跟美国前第一夫人劳拉·布什学驭夫

6.以爱为名,给他温暖的力量

　　当31岁的图书管理员劳拉遇见了乔治·布什仅仅三个月之后,就欣然应允了他的求婚。这段婚姻曾被怀疑投机成分多于爱情,但劳拉本人不这么看。"当然,我们之间确实产生了化学反应——爱!"她笑着说,"之所以会这么快就走进婚姻,是因为我和乔治都认为我们找到了一个能让自己'颤抖'的人。"真正的爱情,会带给人莫大的勇气与力量。在劳拉和小布什牵手走过的那些岁月里,在小布什取得的每一份成功背后,都离不开劳拉温暖的关爱。

　　男人其实很希望得到自己女人温柔体贴的关爱。在男人眼里,温柔的女人才是最有女人味的女人,而温柔也绝对是吸引男人的撒手锏,况且温柔还是女人天生就具备的资质。所以,聪明的女人会适时适地地放射温情的光芒来软化男人,以此抓住他的心。在热恋期间,男人还可以如愿以偿地品味到爱的滋味。然而结婚以后,围绕在男人身边的常常不再是那甜甜的爱,而是整天地唠叨,不停地指责和大声地怒骂。

　　很多女人都被问过这样一个问题:"如果有来生,你还要嫁给你现在的丈夫吗?"有的女人说:"决不,决不再嫁给这样一个小气、邋遢、懒惰、自私自利的男人,这些坏习惯我实在无法容忍,我怎么可能还嫁给这样一个男人呢?"

　　有的女人却说:"当然,如果有来生,我还是很高兴嫁给他的。虽然他有很多的缺点和小毛病,但是在我面前他是最真诚的。他包容我的缺点,懂得关心和体贴我,对家庭也很负责,很有家庭的责任感。这样一个好男人,我很乐意和他生活在一起。"

魅力　第一夫人教你的品位课

男人在外面奔波是为了家庭的幸福；为了心爱的妻子可以过上舒坦的日子；为了实现自己的价值。男人活得很累，也很脆弱，他们非常需要心爱的妻子多给自己一点爱和对他事业的支持。男人这部机器是需要妻子每天用她的爱来为他添加燃料的。

有人说，女人如药，幸福的家庭是避风的港湾，好女人则是港湾的优秀管理者；破裂的家庭是漏雨的天窗，差女人则是天窗的打开者。这话似乎有些过于偏激。其实，更准确的说法应是，好女人如"复苏丹"，男人心情不好时，她们会让男人从这味良药的苦味中，慢慢地咂出一丝淡淡的甜味和幸福的回忆；好女人如"强心针"，男人气馁时，她们敢于一针见血地指出男人失败的症结，激发出男人重新振作起来的勇气；好女人如"维生素"，男人倦怠时，她们能使男人迅速消除疲劳，产生出新的拼搏力量；好女人如"稳心丸"，男人成功时，她们轻轻地告诫男人"山外有山"，不可骄躁当作一切从零开始，方可立于不败之地；好女人如"感冒片"，男人发牢骚时，她们不声不响地溶入水中，待男人降温后再慢慢开导，而不是"火上加油"。

说话实在是一门艺术。说得好可以救人，说得坏则可杀人。许多女人以为结了婚，两个人成了一家人，当然就可以畅所欲言，想说什么就说什么。逞口舌之快的后果却是丈夫早已同床异梦了，你还压根儿不知道自己错在哪里。

有一位心理学家曾告诫女人说："你每说一句话，每发一个声，都会被记录下来，即便你旁边没有人，山会记下来，水会记下来，桌椅板凳也会记下来。千万不要以为你说的话没有用，不会产生什么影响。"所以，好话要多多益善，坏话则能不讲就不讲。

我们常常会听到这样的抱怨："我把心都掏出来给他了，他怎么能这样对我？"怎样爱一个好男人？其实女人爱男人，看重的往往是男人对她好不好；而男人爱女人，看重的却常常是这个女人可爱不可爱。可爱的话,一举一动都令他神魂颠倒,你做什么都是好的;不可爱的话,做得再多都没有用。要想把好男人据为己有,只要经常表达一下你的温柔体贴,他就会乖乖就范,越发离不开你了。所以,每天多给老公一点爱,可以使男人激情迸发地投入到工作中去,对感情、对婚姻、对家庭都起到了加速的作用。

爱其实是一件很简单的事,爱可以是一句轻声的问候;可以是一句温柔的谢谢;可以是一个关怀的眼神。爱可以体现在一日三餐中,体现在柴米油盐中……爱就是生活中的点点滴滴。

7.赋予信任,是对男人最好的支持

在面对记者的采访时,小布什真诚的表示,向劳拉求婚,是他一生中做得最完美的一件事。劳拉是他人生最大的财富,她给了他足够的力量和信任。是的,家本来就是我们最温馨的港湾,在外拼搏的男人只有得到足够的信任才能展翅高飞。因为他们知道,无论何时遭遇挫折,都有妻子会陪伴自己;无论何时取得荣誉,都有妻子陪他们分享喜悦。

男人从心里都希望得到女人的信任与支持,这种信任和支持不是表面的阿谀奉承,而是发自内心的叹服,对他人格和品行的认可与信任。当贤惠的妻子信任自己的丈夫,并以他为荣时,丈夫的心里一定会产生一种被人信任的满足感和被人认可的成就感……对他来说,这无疑是一种莫大的精神鼓励,也是他自信与力量的源泉,更能激发他的斗志,促使他在事业上更上一层楼。

魅力　第一夫人教你的品位课

信任的力量是很巨大的,很多伟大的人物之所以伟大,就是因为他们的背后有信任他们、给他们勇气和信心的妻子,这份信任与支持足以推动他们去完成自己的事业。

男人是社会的中坚力量,是家庭的顶梁柱,是女人一辈子的靠山。但男人其实并没有女人想象的那么坚强,他们也需要女人的支持,也需要有个肩膀,在疲惫的时候休息一下,就像幸运的亨利·福特先生一样。

年轻时候的亨利是密歇根底特律电灯公司的一名技工,每天的工作时间是十个小时。下班后,他还会继续在屋后的一个旧工棚里工作,他想为马车研究出一种新的引擎。当时,除了他的妻子,所有的人都在取笑他。

白天的工作结束后,妻子就开始帮助他进行研究。亨利太太提着煤油灯,寒冷的天气把她的双手冻成紫色,但是她坚信丈夫总有一天会成功。亨利先生亲切地称呼她为"信徒"。

1893年,邻居们被一连串奇怪的声音吸引到窗口,他们看到亨利·福特和他的"信徒"正坐在一辆没有马的马车上,那辆车子摇摇晃晃地,居然可以拐个弯又跑回来!

那天晚上,一个对国家影响巨大的新工业诞生了。

福特先生在五十年后接受访问时,被问到了这样一个问题:"如果有来世,您希望变成什么?"

他回答说:"做什么都无所谓,只要能够和我太太在一起生活。"

然而在现实生活中,很多的女性朋友并不明白其中的事理,不懂得去全身心地支持和爱护自己的丈夫。当厄运来临时,这样的女人会用刻薄的言语和行为,挫减男人本来就已经消耗殆尽的锐气。女人对男人的这种身心的折磨,使得男人直不起腰杆,甚至一蹶不振。反之,如

第六章　跟美国前第一夫人劳拉·布什学驭夫

果女人对自己心爱的丈夫说:"这么点小事情,不必放在心上。这样的事情是压不倒我的男子汉的,我相信你一定行!"那么事情的发展就会大不一样了。

一般来说,自信心强的女人,会赋予自己的丈夫极大的信任。自信的女人用一种特殊的视觉,来审视自己的丈夫,看到了丈夫身上别人看不出的特质。她不仅会用眼睛看,还会用内心的爱去看。因此,我们常常看到这样的场景:两个女人在一起聊天,当谈到各自的老公时,一个女人说:"我老公要钱没钱,论长相没长相,唉,这辈子算是瞎了眼,嫁错了人,嫁给这样一个窝囊废!"而另一个女人在谈到自己的老公时,则滔滔不绝,眉飞色舞,一脸的幸福感,完全沉醉于对老公无比的信任中,那副陶醉的神态,令人羡慕,让人妒忌。

男人一生中最牵挂、最离不开的人,其实既不是他们年迈的父母,也不是他们年幼无知的孩子,而是那个可以用一生来陪伴他的女人——自己的妻子。在男人的心里,父母和孩子只是赡养或抚养的对象,是男人的义务和责任,只有那个相濡以沫的女人才是他一生的最爱,是那个女人让他鼓起勇气,给他直面挫折的信心。

所以,每个男人都需要有一个追随自己的忠实"信徒",需要一个在他陷入困境时,忠心支持他的女人。这个女人不会让自己心爱的丈夫永远沉溺在失败的痛苦中,她会在丈夫遭受失败后,及时地鼓舞自己的丈夫,消除他沮丧的情绪,让他重新燃起信心,满怀激情地回到激烈的竞争中。

8.爱他的家人,你将收获更多

人们拿芭芭拉·布什与劳拉·布什这两位布什家的女主人进行比较。小布什与母亲的关系非常亲密,母子俩经常互相开玩笑,有时还想在一些事上做对方的主。小布什夫妇的密友格莱格·斯塔普列顿说:"劳拉根本不与婆婆芭芭拉争什么,她总是耐心地听婆婆的话,做她认为自己应该做的事。"斯塔普列顿认为,劳拉在处理与婆婆的关系方面做得很好。

一个不和睦的家庭怎么可能在那么短的时间内出现两位美国总统呢?第一夫人婆婆与第一夫人儿媳在大家的放大镜下轮番被检视,想必有任何不睦都逃不过人们的眼睛吧。

很多女人在经历爱情的时候,能处理得得心应手,可是一旦走进婚姻,就开始变得茫然。结婚不单单是嫁给一个人,紧跟其后的还有这个男人所有的家庭关系和社会关系。而这些难免会让婚前对婚姻千般幻想的女人手忙脚乱,不知所措。

没有人希望自己的家庭关系不好,可是有很多妻子却因为接受不了复杂的家庭关系或者处理不好复杂的家庭关系,让婚姻出现危机。

女人若想让自己的新家庭和睦,必须认清一个事实:爱老公,爱家庭,就得爱他的家人。因为家庭结构是改变不了的事实,而且听起来比较残忍的是,婚姻关系也不可与血缘关系同日而语。血缘关系是无条件的,而婚姻关系却是脆弱无比的。

爱老公的家人其实很容易。首先,不要对老公的家人存有戒心或者疑心。每个家庭都有自己的家风,每个人都有自己的个性。不要以自己的标

第六章　跟美国前第一夫人劳拉·布什学驭夫

准指望老公的家庭是个什么样，或者老公的家人应该怎样对待自己。来到一个新的环境，首先要做的是以客观和宽容的心态接纳这个新的家庭。

其次，不要把老公的家人和自己的家人相比。你与你的家人是血肉相连，而与老公的家人是结婚后才开始相处的。婚前同老公恋爱，有感情基础，才选择结婚，而与老公的家人几乎没有什么感情基础。这就如同你根本没往银行存钱，却指望索取一样。现在要做的是尽快投入你的感情，这样才能索取回报。

总之，聪明的女人在面对新的家庭，面对这些即将成为你的家人的人时，会以宽容、客观的心态去对待。她们相信，只有用真诚的心去对待他们，他们一定能感觉得到。假以时日，在你的细心经营之下，你的新家庭必然是温馨、和睦的，也会让你觉得幸福无比。

楚秋结婚前，对婚姻充满了幻想，对众多亲朋好友好意暗示的关于老公的家庭关系也充满了信心。老公是老大，家里上有老，下有小。楚秋抱着善良和乐观的心态进入了这个新的家庭。在娘家，楚秋一直是和爷爷奶奶兄弟姐妹生活在一起，大家相处得很和睦，整天热热闹闹的，不会觉得寂寞。所以，她一直相信自己一定能和这个新家庭相处得很好。可婚后她才发现，这只是一种爱屋及乌的宽容。婆婆刁钻，小叔子任性自私，小姑子有些恋兄，见不得自己和老公恩爱。尤其是生了孩子后，婆婆和小姑子都觉得孩子太吵闹了。楚秋觉得心有余而力不足，夹在中间的老公也无可奈何，只能叫她忍让。

即便这样，楚秋还是抱着宽容的心态。她相信人心都是肉长的，只要真心对他们好，他们肯定能感觉到，最起码自己问心无愧也好。而且她的忍让和付出，老公都看在眼里，疼在心里。虽然嘴上没说什么，但是行动上总是尽自己的能力去照顾她。况且，老公的家人也不是太不可理喻的人。经过楚秋长久的努力,终于改善了家庭的关系,一家人幸福的生活着。

　　对大多数男人来说,家庭的和睦比事业和金钱都重要。而这种和睦,是需要妻子去经营的。对一个妻子来说,面对改变不了的家庭关系,争取改善环境,使家庭更为融洽,是一堂必修课。

　　聪明的妻子对新的家庭应该怀有感恩之心。因为有你的公公婆婆,有你的小叔子小姑子,才有了你优秀的老公。你应该感谢他们把这个优秀的男人赐给了你。与这个男人所给予你的朝夕相伴的爱相比,你给他家人的其实并不多。

　　爱老公的家人,用心对待他的家人,你的老公也会更加用心的对你。而你不仅得到了使父母幸福生活的快乐,更得到了夫妻间的和睦相处、互敬互爱。

第七章

跟韩国前第一夫人金润玉学厨艺

美食外交，打造亲民形象，无一不是第一夫人们亲力而为的杰作。美食外交是韩国前总统夫人金润玉最拿手的，她的好厨艺在各国第一夫人中数一数二。美国第一夫人米歇尔的厨艺尚可过关，不过她最在行的似乎是种菜。相比之下，厨艺最糟糕的恐怕是英国前第一夫人切丽了，因为烧菜时不小心，直叫消防队赶到她家厨房灭火。法国第一夫人布鲁尼似乎根本与厨房无关，关于她的新闻全是时尚与绯闻。

二十国集团首尔峰会召开时，金润玉作为东道主，亲自定下菜谱，设盛宴款待各国元首和国际机构代表的夫人。宴会结束后，金润玉向众夫人赠送自己编撰的韩国食谱《韩食故事》，借机推介韩国美食。《韩食故事》不仅介绍了韩国的特色食品，还记载了金润玉在韩国总统府青瓦台接待客人的各种逸闻。

金润玉在外交场合总是着装得体，仪态雍容华贵，但为了推销韩国美食，2009年10月，她特意换上了围裙，邀请美国CNN记者到总统府就餐。在CNN（美国有线电视新闻网）记者的见证下，金润玉亲手做了一道又一道的拿手好菜。

媒体给金润玉精湛的厨艺做出的评价是：金润玉轻松抓住了

> 李明博的胃,她有信心要靠着好手艺征服全球政治家的胃。事实上,她也确实做到了。
>
> 　第一夫人的美食外交把生硬无趣的政治变成色香味俱全的欢聚,为自家夫君挣来广阔的前程,更将自己国家的美食文化传播向全世界,这是一种极高的境界。人人都离不开美食,而一个女人的厨艺更是通向家庭幸福和稳固的桥梁。

1.新鲜女人要下得厨房上得厅堂

　　每位第一夫人都有自己最擅长与拿手的本领,在世界政治的大舞台上惊艳亮相一把,便能为自家夫君挣来好口碑。金润玉的美食外交与其他第一夫人比起来毫不逊色。美食所带来的新鲜美味,不正是每一个家庭都需要的温暖味道吗?就连第一家庭也不例外,没有人可以不食人间烟火。

　　不知道从什么时候起,"好女人不仅要上得厅堂,也要下得厨房"的标准已经深入人心,连女人们自己也深感认同。当然,你可以不天天做饭,但是一定要会做。料理美食并不要求美女们天天操起锅铲做"厨神",烟火缭绕地出现人前。看过《美女私房菜》的人一定都知道沈星,她每周都会出现在美丽的维多利亚港湾教大家做好吃的菜肴。沈星是个喜爱美食的女人,在她身上,你能够看到新颖的美食美色,就连煮饭也被她演绎得曼妙动人。从原材料的精挑细选到煎炒烹炸的出色料理,再到赏心悦目

第七章　跟韩国前第一夫人金润玉学厨艺

的美味佳肴。看到她做饭,我们才知道,原来做菜也可以这般时尚。

身为女人,我们必须懂得用美食来调节生活,只有那些对美食无比热爱的女人,才是热爱生活,能够细心体味生活的人,也才是真正美丽的女人。这样的女人一定是极其眷念生活、热爱周围的人,她们把这样的爱转化到对美食的追求上。

人们热爱美食,更热爱美食背后的那些女人。喜爱美食的女人决不能蓬头垢面、满面烟火色,那样无美态的女人只能称为厨娘。料理美食的女人应该是优雅干练的,因为烹制美食本身就是一件让人心旷神怡的事情。料理美食,对于敏感与理性兼备的女人们来说,既是一种职业,更是品味人生的一个过程。

小白是一家公司的老总,更是一个有着曼妙身姿、妩媚容颜的女子。小白向来视美食为人生乐事,一有空就上网搜寻哪里开了饭馆,哪家又推出了新菜,然后就邀上好友一路吃过去。不仅如此,小白还在网上广交吃友,一到周末就和这些同样好吃的男男女女吃将下去,吃得香汗淙淙,颊齿生津,每一次都是味蕾的欢宴,一次快意的人生体验。

这么个吃法,难道小白不会发胖吗?小白那曼妙丰盈的身材就是答案:不会。女人只要能够养成合理的饮食习惯,就能够"干吃不胖"。

同小白相比,很多对体型有顾虑的女人都不敢畅所欲"吃"。

女人对身材有着很高的要求,为了避免"丰乳肥臀",女人甚至肯为此节食。事实上,肥胖与饮食之间的关系并不像我们最初想象的那么简单。尽管人们常开玩笑说:"发胖的人,喝凉水也长肉。"其实不然,发胖其实多与不健康的饮食习惯有关。

一般来说,肥胖的人大多习惯多食、贪食。他们习惯大量进食并把它作为一种爱好,并非因为饥饿。另外,进食的次数太少也会促进肥胖,成

魅力 第一夫人教你的品位课

人若是少餐多吃就会增加脂肪的沉积,同时还容易升高血清胆固醇而降低糖耐量。另外,喜欢吃甜食、油腻食物,喜欢吃稀汤及细软食物的也人容易发生肥胖。而且,两餐之间最好不吃零食,尽量多做运动,否则肥胖发生率也较高。

怎样才能使女人变美?最直接的答案就是化妆。可在没有名牌化妆品的年代,古代美人是如何维持健康红润的肌肤呢?其实很简单,她们的美不是靠彩妆烘托,而是由内而外焕发的自然健康美。这种美与"血"有着密切的关系。

人体是"血肉之躯"。只有血足才能让皮肤红润有光泽;只有肉实才能让肌肉发达,体型健美。而补血对于女人尤为重要,这是由女性生理上的"周期"性耗血决定的。中医学早就指出:"妇女以养血为本。"女人倘若不善于养血就会导致贫血。女人贫血轻则面色萎黄、唇甲苍白、肢涩、发枯、头晕、眼花、乏力、气急等,严重的甚至还会导致早生皱纹、白发、脱牙等衰老症状。可见,女性补血养血必不可少。

那么,女人应怎样进行补血养血呢?对于补血,我建议要从吃入手。日常应该多吃些动物肝脏、肾脏、鱼、虾、蛋及豆制品,补充足够的"造血原料"——优质蛋白质。黑木耳、黑芝麻、红枣以及新鲜的蔬菜、水果等含有必需的微量元素、叶酸和维生素B_{12},也是补血必需的营养食物。

女人更要学会在月经期间补血。经期的女人抵抗力会下降,情绪也较易波动,很多人会出现食欲差、腰酸、疲劳等症状。尤其是月经量过多的女人,每次月经都会造成大量血浆蛋白、钾、铁、钙、镁等的丢失。所以,经期一定要避免过分劳累,保持精神舒畅,不仅如此,更要在饮食方面多加注意。

对此,你可以自制一些补血食品,如黑木耳煲红枣、黄芪龙眼粥、枸杞大枣茶、当归炖乌鸡等,都能够起到补血养血的最佳效果。为了增强身体的造血功能,你还可以根据自身情况,适当选用当归养血膏、益母草膏、养血八珍丸、归脾丸、调经丸等中药补气补血,这样更容易确保女人的身体健康和容颜靓丽。

当然了,要想拥有靓丽的容颜,保证心情的愉快也很重要。心情愉快可以增强肌体的免疫力,同时还能使体内骨骼里的骨髓造血功能旺盛起来,使你皮肤红润,面有光泽,出落成一个真正的"桃花"美人。

2.换个角度来看女人做饭

"抓住男人的心,先抓住男人的胃"是中国的一句古话,我们从小便被耳提面命,而这句话也已然成了全世界女人共同奉行的金句,这到底算是一种进步还是退步呢?这就仁者见仁,智者见智了。但当看到韩国前第一夫人将韩国的美食作为外交手段搬上政治舞台,并将韩国美食文化推向世界各地时,实在让人惊讶。而当她转身面对总统先生时,美食又成了她美满婚姻生活中的调味剂。

现在社会讲究男女平等,男人能干的事情女人能干,女人干得了的事情男人也要干。女人有工作也很辛苦,所以相当多的新新女性放弃了做饭,觉得做饭又辛苦又累,有时还不讨好。但我们若换个角度看,做饭对女人是至关重要的,是女人常用的一件法宝。

(1)做饭是女人争取家庭地位最有力的保障

现在提倡男女平等,但真要做到平等却不像一句口号这么简单,女人在家做饭是在用实际行动告诉丈夫:"你在外面奔波很苦,我在家里操持也累啊!"

可以假想这样一个镜头：一个在公司里因为被老板整整骂了两个小时而晚归的丈夫刚走进家门，他的妻子如果腰系围裙，手拿锅铲地指着他的鼻子骂道："你上哪儿去了，等你回家吃饭呢！"或许他会说："对不起，老婆，我……"而如果他的妻子穿着睡衣、手拿遥控板指着他的鼻子骂道："你上哪儿去了，等你回家做饭呢！"那么，他会为了维护自己的男人尊严，怒骂回去，这时，他也顾不上能不能上床睡觉了。

(2)做饭是女人兑现爱情承诺最直接的表现

通常一对男女在山盟海誓时，男人都会对女人说："我会努力让你幸福！"而女人通常会对男人说："我会照顾你一辈子！"于是，男人便开始忙碌起来。但是女人该怎么办呢，最直接、最容易实现的，就是为男人做一顿可口的饭菜。如果一个女人连饭都不会做，又该如何准备照顾男人一辈子呢？这岂不是女人为爱情开了一张空头支票吗？所以，女人一定要学会做饭。

(3)做饭是女人作为母亲最神圣的职责

一个女人做了母亲后，通常会产生极大的改变，而最大的改变莫过于有了为孩子甘于牺牲一切的精神。家人的健康通常是母亲的头等大事，所以，为了让孩子拥有健壮的体格，做母亲的往往会亲力亲为，遍寻食谱、营养谱，为孩子做最营养可口的饭菜。但如果一个不会做饭的女人成了母亲，那孩子恐怕长大成人了也没吃过妈妈做的饭，这将是一种怎样的悲哀啊！

(4)做饭是女人拴住男人心的最简单的办法

假如你的白马王子被妖艳的蝴蝶紧紧包围着，你可千万不要傻乎乎地跟在男人屁股后面追，当务之急是赶快把电视从言情剧场转到美食制作。

(5)做饭是女人抵抗第三者最有力的武器

会做饭，而且能做出一桌可口饭菜的女人，通常都不是一般的女人。

第七章　跟韩国前第一夫人金润玉学厨艺

她不仅会非常性感,而且对男人的驾驭能力也很强;她可能看起来是一个弱不禁风的女子,但如果她不幸遭遇了第三者的激烈挑战,那么她的柔情与智慧,往往会同那桌可口的饭菜一起,为她的家庭筑起一道密不透风的防护墙,捍卫她的领地。

(6)做饭是女人美丽工程最为基础的工作

做饭其实可以美容,一个饭都不会做的女人,营养不一定好。一个营养不好的女人,她的脸上即使抹上再多的胭脂也会掉下来。这是外在美,内在美也一样,做饭体现了一个女人的内在素质和干练。现在的女人,尤其是一些年轻女孩,生怕进了厨房会被油烟熏成黄脸婆。这是一个错误的认知,要想成为男人心目中永远漂亮的女人,就应该做一个会做饭的女人。

那么,女人如何才能拥有一手好厨艺呢?

女人最好最早的老师是她的母亲。下厨可以表现出女性的体贴、头脑、机智等,甚至可看出她成长的家庭环境。无论是哪个女人,最初学习做菜肯定不会是在正规的烹饪学校,一定都是看母亲做菜,看着看着就学起来了。所以,会做菜的女人,会非常注意与母亲的交流学习,会经常回忆母亲的言传技巧。

一家杂志上的烹饪栏曾经对一位姓吴的太太特别推崇。吴太太并非以研究烹饪为业,她也是出身于纯粹的工薪阶层家庭。因此,杂志上所教授的烹调方法,非常实用,也非常富有创意,特别适合下班回家的人,是任何人都可以现学现做的餐点。

吴太太也承认,自己是从孩提时期就看着母亲做菜,并且一边记一边学的。尽管她的家庭是工薪阶层,但是却有些独特,她的父亲有许多朋友和徒弟,她家很早时就是一个聚会的场所,甚至经常有陌生人光顾,络绎不绝。而吴太太的母亲身为女主人,对大批的访客招呼得细致周到。当来

魅力　第一夫人教你的品位课

客很多，母亲一人忙不过来时，女儿自是不能袖手旁观，在旁边帮忙削马铃薯皮、洗菜等，不知不觉间，她也变成熟手了。

　　长大之后，吴太太来到大城市，见识多了，做菜的层面就更广了。嫁人后，吴太太的空闲时间比较多，平常她会看一些杂志食谱，根据丈夫的口味有意识地注意一些做法。就算丈夫突然带客人回来，她也不会手足无措。在做菜前，她首先会打开冰箱，确定一下有什么食材，她绝不会因为没有多少菜料而发愁，而是想着只有这些菜，能不能做出什么好吃的东西来。如果菜量不足，她宁可不做整套的餐食，而只利用那有限的菜料尽量做一些好吃的菜肴出来。做菜是件相当费功夫的事，所以，几个常来客人的嗜好她都做了备忘录。若有不喜欢吃葱的客人在，那么在放葱之前，她会先从锅里盛出来一份。做备忘录的习惯，也是从母亲那儿学来的。实际上，她所介绍的菜肴，都没有一个像样的名字，但在巧思中却别有一番风味。

　　可见，拥有这种太太的丈夫可以算是天下最幸福的人了。他能安心地将朋友带到家里，在公司同事及朋友间都能得到相当高的评价。

　　另外，所谓会做菜的妻子，固然是能做出美味可口的菜肴，但也要具备做菜的巧思，要灵活应对。举例来说，若是有客人突然来访，那么不管三七二十一，你一定要赶快送出一些下酒的小菜，这对客人来说就很满足了。其实，很多男人都会有类似的经验，喝完了酒正要回家，又被邀请到友人家续杯，谁知那友人的妻子草草打了招呼就一头钻进厨房，经常是二三十分钟过去了都没有出来，这气氛就弄得客人很不好意思。不管是现成的菜肴或罐头，只要是能和酒一起立刻端出来，那么气氛就会比较缓和了。

　　灵巧的妻子可以不需太过费事就拿出可口小菜，所以来客也不至于神经紧张。

第七章　跟韩国前第一夫人金润玉学厨艺

3.幸福婚姻,从厨房交响曲开始

李明博总统卸任之后,在网上说:"终于回到了过去的家。昨天开始整理书房。我从箱子里把书一本本拿出来放到书架上,书中的回忆令我记忆犹新。""就这样不知不觉地度过了大半天的时间,然后和妻子一起吃了炸酱面和糖醋肉。我们笑着看着对方,把一大勺食物放进嘴里,感觉这才是生活的味道。"

李明博委派的新国家党议员曹海珍也在网上记录了访问李明博论岘洞私宅的事情。他写道:"时隔五年再次品尝金奶奶——李明博夫人金润玉做的年糕汤,忍不住喝了两碗。从家中感受不到任何离开青瓦台后的失落感,感觉非常温馨舒适"。一个家庭里如果有一个厨艺高超的女人,实在是件让所有家庭成员都深感骄傲与幸福的事。

如今,有很多女人坚决拒绝沦落为"煮饭婆",反感呛人的油烟味,怨恨油腻的灶台。但是,聪明的女人更明白,厨房是家庭幸福必不可少的源泉之一,因为良好的膳食不但可以强身健体,也是表达爱意的最好方式。

男人和女人真正的幸福生活其实是从厨房开始的。据说在古代,所有刚嫁到夫家的女子在第二天早晨起床后,必定要取下身上那些环佩叮当,亲自到厨房里为夫君烧一碗汤,表示她们已经从爱情的绚丽转为生活的平静了,也就是诗中所说的:"三日入厨下,洗手做羹汤。"

女人好不容易在茫茫人海中将他俘虏到手,怎么能不好好地守住这片江山呢?饭菜的香味会让家的味道更温馨,在民以食为天的前提下,聪明女人应该有一点儿小手艺,不仅宠爱了自己,也留住了他的心。

魅力　第一夫人教你的品位课

晓雅刚认识石峰那会儿，为了显示自己的厨艺，她为石峰做了几道菜，其中有一道菜是"泥鳅炖豆腐"。后来，石峰对她说，自从他那次吃了晓雅做的"泥鳅炖豆腐"后，就在想，将来要是能娶她为妻该多好啊！于是婚后，晓雅每隔几天就做一次这道菜。

这道菜虽然简单，但晓雅却做得极有味道，且色香味俱全，显然是花了一份心思在里面。

对于做菜，晓雅倒是天生的有些灵性。在外面吃饭点菜时，如果点了晓雅感兴趣而又不会做的菜，她会千方百计地找到人家的厨房，向厨师们学习一番，然后回家后好好研究，以便做给石峰吃。她说她最喜欢看到石峰享受美食后那种赞赏的笑容。

不管晓雅做的菜别人吃来是不是美味，但石峰总会在和朋友们吃饭时骄傲地说道："有时间去我家做客，我老婆做的菜不错，这一辈子我是享尽了美食。"晓雅能想得到石峰说那话时脸上幸福的神情，也能体会到石峰的骄傲和得意。

有一段时间，晓雅找了一份记者的工作。石峰说，最喜欢看到晓雅下班回家后脱下制服围上围裙进厨房的样子，那显然是一个女人从厅堂走进厨房的过程。晓雅细细的腰身在系上围裙后会显得更妩媚动人，石峰会情不自禁地从后面把她拥在怀里，把手放在她细细的腰上，嘴里说着让她心甘情愿为他做菜的甜言蜜语，这时候的她在石峰眼里是最有女人味的。

试想，男人在外劳累了一天，回来后若能吃上妻子精心制作的菜肴，他肯定会将劳累抛在脑后。可如果在外面忙碌，回来却又吃不上一顿可口的饭菜，他能有好心情吗？所以说，关心男人，应从厨房开始，先满足他的嘴，温暖他的胃，才能稳住他的心。

男人有时候也愿意去外面吃各式各样的美食，可外面的美食再五花

第七章　跟韩国前第一夫人金润玉学厨艺

八门,也没有谁愿意天天都在外边解决,既浪费又不是很卫生。再说,经常在外面大吃大喝,久而久之,油腻多了一些,健康少了一些,自然就会很怀念家中的清粥小菜。

女人重视厨房,并不是说从此她就得天天围着厨房转,而是要注意在繁忙的工作之余,收拾一份好心情,为自己为家人营造一种温情。因为聪明的女人都很清楚,男人们并不是想要一个手艺精湛的女厨师,而是想要一个能给他带来家的感觉的烟火女人。

虽然现在的房子越来越大,房间的功能也越来越细分,但最能体现出家的意味的永远都是厨房。特别是对于一个男人来说,当他在外面辛苦了一天,推开那扇熟悉的家门,一个冷锅冷灶和一个饭菜飘香的厨房,给他的感觉绝对是不一样的,只有厨房里飘出来的烟火气息才会给人带来实实在在的家的感觉。

一个喜欢厨房的女人,自然是一个喜欢家的女人,同时也能给人带来家的感觉,这和什么大男子主义、女权主义都没有关系,只是女人的本性使然。

年轻的时候,每个人都可以四处流浪,但终有一天会厌倦漂泊,渴望能有一个温暖的家供自己憩息。聪明的女人并不仅仅是成为男人工作上的助手,而是要成为他的贴心伴侣,给他一份安心,一份眷恋;如果他累了,可以回到家里休整;如果他受伤了,可以回到女人身边治疗;如果他成功了,会马上回家与家人分享。而一个连厨房都不想进的女人,很少能给男人这种感觉。尽管她可以打扮得光鲜靓丽,尽管家里有钱到足以天天上饭馆,但这些都不是真正的幸福。聪明的女人,下班回家后会换上家居服,系着围裙在厨房里忙活一通,然后端上三盘两碗,重要的不是味道,而是那种温馨的感觉。饭店再好,也无法营造出这种家的感觉。

厨房是女人的另一个舞台,不管她爱或是不爱,那里都有着她无法摆脱的人生使命。真正懂得爱、懂得生活的女人,会在工作之后走进厨房,她的心里不会觉得有太多委屈,为心爱的家人做一道菜,除了油盐之外,里面放得最多的调料是爱。诱人的饭菜香味,浓浓的幸福滋味,会让女人制造出家的温馨!

聪明的女人,会让一天的幸福生活从厨房开始;聪明的女人,一年四季都会变换不同的花样,科学合理的搭配,注重营养与口味的结合,在厨房里创造出来的不仅是美味的食物,还有无限的富足和幸福感。让心爱的人每天都生活在独一无二的幸福中。

4.五分钟爱心早餐制造浪漫情调

就算你没有金润玉那样高明的烹饪手艺也不用焦虑,简简单单地为对方奉上一顿早餐,也是不错的主意。想象一下,某个周末的早晨,老公还在美美地睡懒觉,老婆却已蹑手蹑脚地走进厨房。等老公睡眼惺忪地醒来时,发现老婆已经端着一盘爱心早餐出现他面前,他该是如何地感动。

再则,男人多是大大咧咧的生物,他们对自己要求并不高,也很少关注自己的身体健康,几乎每天都是匆匆地起床,然后开始一整天的劳碌奔波,有时候甚至会忘记吃早餐。但不吃早餐的危害忽绝对不容小觑。不吃早餐会造成低血糖,使人精神不振、反应迟钝,严重影响记忆力,引起记忆力衰退,并且午餐必然会因饥饿而大量进食,这会增加消化系统的负担,易诱发肠胃疾病,导致营养不良。想必没有哪个贤惠的妻子希望自己的老公因为这么一点点小事,就患上这么多的疾病,更何况只是早起

第七章　跟韩国前第一夫人金润玉学厨艺

一点儿而已。

对于工作很忙的他来说,吃好早餐,是干好工作的基本保证,是确保健康的前提。所谓"早餐要吃好"有其一定的道理。营养专家认为,早餐是一日三餐中最重要的一餐,每天吃一顿好的早餐,可使人长寿。早餐要吃好,是指早餐应该吃一些营养价值高、易消化、易吸收、纤维质高的食物。

一般情况下,理想的早餐要掌握三个要素:就餐时间、营养量和主副食平衡搭配。第一,起床后活动30分钟再吃早餐最为适宜,因为这时人的食欲最旺盛。第二,早餐不但要注意数量,还要讲究质量。清晨,当男人起床后,给他冲一杯牛奶,夹几片面包放在桌上,不仅可以让他健康无虞,还能让他感受到你在时时刻刻地关心着他,一如既往地爱着他,让他的心中对你有一种依赖的感觉,这是一件多么两全其美的事。

其实,只需要一个小小的时间管理,统筹安排洗脸、刷牙的时间,你就可以既无须早起,又能让老公吃上营养早餐。

牛奶燕麦粥:洗脸时用微波炉热好牛奶,洗完脸用热牛奶冲上燕麦,等刷完牙,牛奶燕麦粥的温度刚刚好。

醪糟鸡蛋+蛋白粉:同样是洗脸前热上醪糟,沸腾之后敲进一个鸡蛋,搅散后熄火,刷牙。吃前加入两勺蛋白粉,又好吃又营养。

煮鸡蛋+煎培根+水果+蜂蜜水:在洗脸前把鸡蛋煮上,刷完牙后,基本就熟了;煎培根也就一分钟,之后配上一个新鲜水果,一杯蜂蜜水,完美的一餐就此诞生。

5分钟的早餐就是这么简单,生活中的点滴细节都能在不经意间透露着爱意,体贴一个人,爱一个人,都在点点滴滴之中。有的时候,男人并不在意自己的妻子为他做的食物是否精美,哪怕只是一盘普通的白菜萝卜，他也会觉得别有一番滋味。因此，如果有时间，一定要亲手为他做上一顿营养丰富的早餐，让温暖和爱在你们之间流转。

有人说，最吸引男人的女人有两种，一种是狐狸精，另一种是田螺姑娘。狐狸精当然就是那种长得漂亮并且聪明乖巧型的女人；而田螺姑娘则是指在家中任劳任怨的贤妻良母型的女人。如果我们不是狐狸精式的女人，不如做好田螺姑娘吧。

会持家的女人美，会做饭的女人美，会处理夫妻相处之道的女人更美。做饭乃烹饪也，说简单十分简单，说难也确实很难。饭谁都会做，相同材料不同烹饪手法烹得的食物色香味均不同。烹饪需要你用心做，婚姻也要你用心经营，彼此学会相互信任、相互理解。美食、婚姻相辅相成，夫妻间互相包容，才能过上幸福美满的生活。

5.懂点营养学，让生活更健康

当金润玉被问起"总统的保养菜"时，她说："他胃口很好，什么菜都敢吃。但以前他得肝炎的时候，我特地去买新鲜的鳗鱼，回家用锅炖，结果肝炎都治好了。"看到这段采访，我的脑海里开始自动响起《大长今》的旋律，那部风靡全国的电视剧着实让不少中国人迷恋上了韩国美食，那些营养丰富的美味药膳更是深深印在了很多人的心头。这恐怕是第一次，家庭主妇们在看电视剧的过程中主动自发地学会了营养学的知识，口福不浅的男人们自然也乐开了花。

一个女人不但要会做一手好菜，还要懂得一些营养学方面的知识，这

第七章　跟韩国前第一夫人金润玉学厨艺

样才会让家人吃出健康。

平衡膳食就是指一天饮食中要吃适当量的粮谷类、豆类、肉蛋奶类、蔬菜水果类和油脂类,且这几大类食物应相配得当成一种膳食。归纳起来,应做到以下10种相配。

粗细粮相配:日常饮食中增加粗粮有助于预防糖尿病、老年斑、便秘等,而且还有助于减肥。

主副食相配:日常饮食中应将主食和副食统一起来。

干稀相配:冬季进补的理想食物——当归生姜羊肉汤;利水渗湿佳品——赤小豆炖鲤鱼汤;催乳佳品——茭白泥鳅豆腐羹;益智佳品——黑芝麻糊及《红楼梦》中记载的6种粥:红稻米粥、碧粳粥、大枣粥、鸭子肉粥、腊八粥及燕窝粥,还有敦煌艺术宝库中发现的"神仙粥"(由芡实、山药和大米组成)等均为干稀相配的典型代表。

颜色相配:食物一般分为5种颜色:白、红、绿、黑和黄,一日饮食中应兼顾上述5种颜色的食物。

营养素相配:容易过量的是脂肪、碳水化合物和钠;容易缺乏的是蛋白质、维生素、部分无机盐、水和膳食纤维素;高蛋白质低脂肪的食物有鱼虾类、兔肉、蚕蛹、莲子等;富含维生素、无机盐、膳食纤维素的食物有蔬菜、水果类和粗粮等;水是一种重要的营养素,每日应饮用4杯以上。

酸碱相配:食物分为呈酸性和呈碱性食物,主要是根据食物被人体摄入后,最终使人体血液呈酸性还是碱性区分的。而因肉类食品摄入过多,致使血液酸化,容易引发的富贵病,应引起重视。

生熟相配:吃生吃活现已成为一种时尚。吃生蔬瓜果、鲜虾、银鱼等可以摄入更多的营养素,但吃生吃活必须注意食品卫生。

皮肉相配:连皮带肉一起吃渐成时尚,如鹌鹑蛋、小蜜橘、大枣、花生米等带皮一起吃,营养价值会更高。

魅力 第一夫人教你的品位课

性味相配：食物分四性五味。四性是指寒、热、温、凉；五味是指辛、甘、酸、苦、咸。根据"辨证施膳"的原则，不同疾病应选用不同性味的食物，一般原则是："热者寒之，寒者热之，虚则补之，实则泻之。"根据"因时制宜"的原则，不同季节应选用不同性味的食物，如冬季应选用温热性食物：羊肉、鹿肉、牛鞭、生姜等，尽量少吃寒凉性食物。五味也应该相配起来吃，不能光吃甜的而不吃苦的。

烹调方法相配：常用的烹调方法有蒸、炖、红烧、炒、溜、汆、炸、涮等。单一的烹调方法，如烧、炸、炒容易引起肥胖，应多选用汆、蒸、涮等烹调方法。

从现代营养科学观点看，两种或两种以上的食物，如果搭配合理，不仅不会"相克"，而且还会"相生"，起到营养互补、相辅相成的作用。

芝麻配海带：同煮能起到美容、抗衰老的作用。

猪肝配菠菜：猪肝、菠菜都具有补血的功能，一荤一素，相辅相成，对治疗贫血有奇效。

糙米配咖啡：把糙米蒸熟碾成粉末，加上牛奶、砂糖就可饮用。糙米营养丰富，对医治痔疮、便秘、高血压等有较好的疗效；咖啡能提神，拌以糙米，更具风味。

牛肉配土豆：牛肉营养价值高，并有健脾胃的作用。土豆与之同煮，不但味道好，且土豆含有丰富的维生素，能起到保障胃黏膜的作用。

百合配鸡蛋：有滋阴润燥，清心安神的功效。中医认为，百合清痰水，补虚损，而蛋黄则能除烦热，补阴血，二者加糖调理，效果更佳。

羊肉配生姜：羊肉补阳生暖，生姜驱寒保暖，相互搭配，暖上加暖，同时还可驱外邪，治寒腹痛。

甲鱼配蜜糖：甲鱼含有丰富的蛋白质、脂肪、多种维生素，并含有辛

第七章　跟韩国前第一夫人金润玉学厨艺

酸、本多酸、硅酸等,实为不可多得的强身剂,对心脏病、肠胃病、贫血均有疗效,还能促进生长,预防衰老。

鸭肉配山药:老鸭既可补充人体水分,又可补阴,并可清热止咳;山药的补阴效力更强,与鸭肉共食,可消除油腻,补肺效果更佳。

鲤鱼配米醋:鲤鱼本身有涤水之功,人体水肿除肾炎外大都是湿肿;米醋有利湿的功能,若与鲤鱼共食,利湿的功能倍增。

肉类配大蒜:据研究,维生素B在人体内停留的时间很短,吃肉时吃点大蒜素,能延长维生素B在人体内的停留时间,对促进血液循环以及尽快消除身体疲劳,增强体质等都有重要营养意义。因此,吃肉的时候,别忘了吃几瓣大蒜。

6.家庭聚会,打出一张美食外交牌

在跟李明博出访时,金润玉最爱出席的场合是料理和野餐聚会。这不仅是因为金润玉热衷于美食料理,更因为这是一个难得的推广韩国美食的外交场合。

当年,李明博在出席联合国首脑峰会期间,金润玉来到了纽约格雷特内克公园,参加当地举办的一场美军朝鲜战争老兵联谊野餐会。金润玉给老兵们带来了韩国传统美食:泡菜。看到可以现场烹饪后,金润玉做了一件让保镖大跌眼镜的事情,她用海鲜、大葱和红辣椒现场做起了另一种韩国美食:韩式海鲜葱油饼。

金润玉还把这些美食切成小块,亲手送到在场的老兵和他们的妻子

魅力 第一夫人教你的品位课

手里。在随后的访谈中,金润玉说:"我想让他们好好品尝一下韩国的美食,毕竟当年在战争期间,他们没有机会去品尝美食。"

据《纽约时报》报道,在会场上,美国老兵们还曾对韩国泡菜浓烈的味道开玩笑,认为它酸味和蒜味太重,不适合世界舞台。金润玉现场烹饪后,这些老兵们改变了对韩国泡菜的看法,认为它还是有机会走向世界的。

金润玉的"厨艺外交"不仅起到了亲民的作用,让更多人了解了韩国的传统饮食文化,更为自己丈夫的外交政策添砖加瓦。对于一般女性来说,虽然用不上第一夫人的政治外交,可美食外交在我们的生活中一样不可缺少。家庭聚会,通常就是需要女主人们精彩亮相的场合。

现代主妇对家庭聚会越来越讲究,她们会提前精心准备,留意每一个细节;赴约的女宾会盛装出席,打扮得漂漂亮亮的,男宾也以干净整洁的面貌出现在家庭宴会上。节日的喜庆在宾主双方的共同努力下更趋完美,这一切都意味着平常百姓的生活也越来越滋润有趣了。

那么,要如何策划一场完美的家庭聚会呢?

(1)普通的家庭聚会也可以隆重的举行

我们可能会请自己与老公的亲人,安排一次亲属的聚会,也可能会宴请与老公共同的朋友,或者仅仅是一方的朋友。不要因熟而失礼,即使是一次普通的家宴,也可以安排得充满情趣。我们可以盛装宴请父母,并且布置自己的房间,看看这样能够给他们带来什么样的惊喜。在宴请朋友的时候,记得一定要邀请他们的爱人,而且要夫妻双方共同接待,否则很可能被朋友认为不够盛情。

(2)有明确的主题

正规的家庭聚会要以精简为主,最好有一个相应的主题,比如庆祝中秋,定位在亲情上;如果是孩子的生日,则定位在几个家庭和孩子的沟通上,主题不同,大家的期待也就不同。

第七章　跟韩国前第一夫人金润玉学厨艺

(3)内部沟通很重要

邀请自己的朋友到家里做客,首先要征求每个家庭成员的意见,如果是和老人共同生活的,就要考虑他们是否愿意参加聚会,在家里举行聚会是否会影响他们的生活。如果家里有小孩子,也要考虑成人的聚会是否会影响他们。夫妻双方最好共同制订聚会名单,两个人对对方的客人要有一个基本的认识,避免出现意外的情况。

(4)丰富的细节可以增色

要举办一个体贴的、令亲戚朋友难忘的家庭派对,体现女主人品位的家居布置很关键。抽点时间,将细节考虑周全,你也能安排一次完美的家庭聚会。

营造气氛:一个布置得温馨舒适的家会让客人放松心情。女主人可以利用一些小的装饰物来表现自己的温馨和细心。

鲜花:鲜花是装点气氛的绝佳配饰,用在餐桌上时,通常采用鲜花或小巧的观叶植物,体积不宜太大,以免遮挡视线,颜色可以走两种调子:素洁的白色或比较鲜艳的颜色。有的女主人为了增加浪漫的情调,会在洗手间的浴池边摆上一排单朵的鲜花。

餐具:如果你收藏有比较少见的餐具,如具地方特色的桌布、碗碟等,用它们布置出一个别具创意的餐桌设计,不仅能调节气氛,还能表明你是一个有趣的人。

简单餐点:如果你想亲自下厨招待亲朋,以表达诚意,菜式则不宜复杂。如果女主人长时间待在厨房,不免会冷落了朋友们;另外,中餐容易令女主人变得油烟味很浓,一个蓬头垢面的女主人会让客人感受到她的辛苦,容易给客人带来歉意和压力。

不妨让每个来参加聚会的朋友带来一个自己的拿手好菜,来后用微波炉简单的加热,席间大家交流一下厨艺,也可以使话题变得轻松自然。

提醒:现在的食品超市中有越来越多的方便食品,只要精心选择,并充分合理地利用微波炉、烤箱等现代厨具,就可以轻轻松松地将家庭聚会办得有声有色。

(5)家庭派对速成手册

对那些忙碌工作的职业女性兼家庭主妇来说,想操办一场丰富的家庭派对,最头疼的是时间不够。按照以下的家庭派对速成手册做,保证你能在90分钟内搞定一场欢乐而丰富的家宴。

首先,整理房间。香薰可以保证家庭的舒适整洁,你必须在客人来之前把自己家的杂乱收拾妥帖,并且营造出一个适宜的氛围。一定要在客人到达前的一个小时点上香薰,越浓越好。等客人来的时候,家里已经充满了浓浓的橘子味道或香草味道。

其次,订餐无罪。挑选最喜欢的盘子,把饭馆送来的菜倒进盘子里,最好再来点儿自己的创意,把菜摆得漂亮整齐。

最后,打扮自己。一定要打扮自己,因为你是主人,但也不用太夸张。最后把食物和饮料摆好,打开音响,来点背景音乐,就万事俱备了。

(6)出席家庭聚会的原则

出席朋友的聚会有些基本的准则。比如在西方,大家就比较讲究带礼品,但因风俗习惯不同,各个生活圈子的"游戏"规则不同,礼物自然也要"因地制宜"。不过有些原则是不变的,比如准时出席。除此之外,还有些重要原则一定要注意。

第一原则:按约定的出席人数出席。夫妻共同出席,还是夫妻带孩子出席,还是只有一方出席,这些要按聚会的约定去做。比如一些女性的聚会,约定俗成不带先生的,你若把先生带去,只会平添麻烦,让主人措手不及。

第二原则:注意保护主人的隐私权。在别人家里聚会,还是要注意保护主人的隐私权,如果有指定的活动领域,尽量不要逾界,不要提出类似看看相册,或者参观卧室之类的要求,除非获得邀请。

第七章　跟韩国前第一夫人金润玉学厨艺

7.主持宴会,餐桌礼仪要面面俱到

餐桌上的礼仪很多,当全球几十个国家的第一夫人聚在一起用餐时,各国不同文化礼仪复杂、诡异地交织在一起,估计会让宴会主持者头痛欲裂,但是金润玉却很好地完成了这项任务。当G20(20国集团)各国首脑的夫人们聚在了首尔龙山的Leeum美术馆(韩国最大的私立美术馆)里一起共进晚餐时,韩国总统李明博的夫人金润玉女士不但亲自主持,还向各国第一夫人们介绍了各式各样的韩国美食,最后让大家都尽兴而归。

如此看来,我们平时主持家庭宴会所头疼的礼仪简直就是小菜一碟。家庭宴会多用于招待亲朋好友,也可以作为现代社交活动的一种方式,用于招待尊贵的客人和工作同事。家宴往往由主妇亲自下厨、烹调,也可以请亲友或厨师掌勺,采取全家人共同招待的方式,可以不排席位,也不必讲究严格程序。一般来说,应该充满亲切、温馨的生活气息。

(1)席前准备

举行家宴时,事先要根据宴请的人数和酒菜的道数准备好足够的餐具,餐桌上的一切用品都要清洁卫生。桌布、餐巾都应洗净熨平,酒杯、筷子、碗碟等也都要洗净擦亮。餐具应该是客人入座前就摆好的。

如果是中餐,每人应有这样的餐具:水杯、酒杯、盘、碗、小碟、筷子。桌子上还应备有几份公用的筷子、勺子,以方便大家使用,男女主人面前也必须有一份,以方便给客人夹菜用。

如果是西餐,每人面前的餐具应该是:酒杯、水杯、汤盘、刀、汤匙。座位正面放汤盘,汤盘左边放叉,右边放刀(刀口向内),汤盘上放汤匙,餐巾(或餐巾纸)折成花插入水杯中或放在汤盘上,面包、奶油盘放在左上方。

入席时,主人应该对座位的安排打个招呼,例如,"请大家随便坐",表示不排席位。如果客人中有主宾或长者,可先招呼这位主宾或长者坐在主人的右边,其他人随意。

(2)饮酒礼仪

入席后,主人应当首先为客人斟酒,酒瓶应当场打开,斟酒时右手持酒瓶,将商标朝向宾客。斟酒的姿势要端正,应站在客人身后右侧,身体既不要紧靠客人,也不能离得太远。要左手拿稳酒瓶的下部,大拇指和食指轻轻夹住酒瓶的颈部,然后再倒酒,不要单手斟酒。斟酒时,酒杯应放在餐桌上,瓶口不要碰到酒杯口,距离约2厘米为宜。酒杯不可斟得太满,以八成为好。若是啤酒,斟酒要慢,使之沿着酒杯边流入杯内,避免产生大量泡沫。如果在座的有年长者,或职务较高的同事,或远道而来的客人,应先给他们斟酒。若没有这种情况,可按顺时针方向依次斟酒。如果客人不喜欢喝这种酒,最好不要强人所难,可代之以其他酒或饮料以表示对客人的尊重。

在饮第一杯酒前,主人应致祝酒词。祝酒词要围绕聚会的中心话题,语言应简短、精练、亲切,有一定内涵,能为宴会的进行创造良好气氛。碰杯时,主人和主宾先碰,然后再与其他客人一一碰杯。如果人数较多,则可以同时举杯示意,不一定碰杯。祝酒时注意别交叉碰杯。

对宾客劝酒要诚恳热情,但不可强行斟酒,更要避免喝酒过量,必须控制在本人酒量的十分之一以内,以免失言、失态。

(3)用餐礼仪

首先是上菜的顺序:先摆冷盘以佐酒,让客人慢慢饮酒叙谈,然后上热炒,大菜(整荤、整鱼等),最后上点心和汤。上整鸡整鸭或整鱼时,不能把鸡头鸭尾鱼尾朝向主宾,而要将肥而多肉的部位献给客人,以示尊重。

第七章　跟韩国前第一夫人金润玉学厨艺

第一道菜上来,主人应先请主宾或长者品尝。当客人相互谦让,不肯下筷时,主人可站起来用公筷、公勺为客人分菜。分菜时,一要注意首先分给主宾或长者,然后依照顺时针方向依次分下去;二要注意分菜的量,尽量差不了多少,避免有多有少,有好有差。当客人对某道菜表示婉谢时,应给予谅解,不要强人所难。

每当一道菜端上桌时,主人可以简单介绍一下这道菜的特点。如果客人对某道菜表示出特别的兴趣,主人还可以简单介绍一下这道菜的烹饪方法。在介绍的同时,应热情招呼客人动筷。

宴会进行中,主人应该时时注意要与客人有简短的交谈和应酬。上一道菜后,要招呼大家下筷品尝。吃海鲜或鸡这类菜肴时,可示意让大家用手撕开吃。

举办家宴可先准备一些香巾,就是用手绢浸入水盆之中,在水里滴上几滴香水,再将手绢轻挤掉水分,对折两次,摆放在托盘中。还要准备一些餐巾纸,吃海鲜等用手取食后,主人递上餐巾纸和香巾让宾客擦手。

女主人应当是家宴中真正的主人,在宴会中始终扮演着最重要的角色,遇有迟到的客人,应由女主人站起来迎接、招呼。天气炎热时,女主人可示意请客人宽衣。宴会中,如有人不慎发生异常情况,如餐具掉落在地或打翻酒水,女主人要沉着应对,一方面迅速收拾环境,另一方面要送上干净的餐具酒杯。

举办家庭宴会,女主人当然总是想把酒菜质量搞得好一点儿,但最为主要的目的还在于增进主人与同事、朋友及客人之间的了解和友情,所以对于主人来说,应当善于安排,做到恰如其分。

8.外出赴宴,别让吃相毁了你

无论你是职场应酬或社交约会,相信你一定希望:就餐时的任何细节都能像第一夫人般表现得大方得体,优雅从容。若果真如此,你又怎能不为自己加分呢?

一个人在餐桌上的礼仪最能够反映出她的家庭背景和受教育程度,是不是真正的淑女,出去吃餐饭便能知晓个八九不离十。人们往往从一个人吃饭的方式来判断她的个性,个人的用餐习惯要么成就你,要么毁灭你。所以,就餐时彬彬有礼、优雅得体,也许可以取得意想不到的效果。但如果你表现不够好,不是耸人听闻,餐桌上的失礼说不定会让你的命运急转直下。

(1)入座礼仪

如果没有特别的主客之分,除非有长辈在场,必须礼让他们,否则女士们可以大方地先行入座,一个有礼貌的绅士也应该等女士坐定之后,再行入座。

女性外出用餐时,免不了会随身携带包包,这时候应该将包包放在背部与椅背间,而不是随便放在餐桌上或地上。坐定之后要维持端正坐姿,但也不必僵硬到像个木头人,并且注意与餐桌保持适当的距离。

需要中途离席时,跟同桌的人招呼一声是绝对必要的,而男士也应该起身表示礼貌,如果离开的是隔座的长辈或女士,还必须帮忙拖拉座位。

用餐完毕之后,必须等男女主人离席后,其他的人才能开始离座。

(2)使用礼仪

有关餐巾的使用问题,必须等大家都坐定之后,才可开始使用。餐巾

第七章　跟韩国前第一夫人金润玉学厨艺

摊开后,应该摊平放在大腿上,千万不要放进领口,因为三岁小女孩这样做或许很可爱,但三十岁以后的成人这样做就有点不太好了。

另外,餐巾的主要功能是防止食物弄脏衣服,以及擦掉嘴唇与手上的油渍,请不要在忘记带面纸的情况下,拿来擦鼻子,因为这样既不典雅也不卫生。

有些人或许会担心餐具的卫生问题,因而用餐巾来擦拭餐具,其实这是很不礼貌的举动,会造成餐厅或主人的难堪。用餐完毕之后,应该将餐巾折好,置放在餐桌上再离开。

在西餐的刀叉使用顺序方面,原则是由外而内。要先使用摆在餐盘最外侧的餐具,每吃一道,就用一副刀叉;食用完毕之后,刀叉并排放在盘子中央,服务生会主动来将盘子收走。餐具除了用来切割食物之外,也被用来移动食物,因为在正式场合下转动盘子是很不礼貌的行为。

(3)食用礼仪

肉类:切牛排时应由外侧向内切,切一块吃一块,请不要为了贪图方便而一次将其切成碎块,这不但是缺乏气质的表现,而且会让鲜美的肉汁流失,非常可惜;割肉块时大小要适中,不要切得太大,以至于有嘴巴合不起来的危险。咀嚼食物时,请务必将嘴巴合起来,避免发出声音,而且口中食物未吞下之前,不要再送入口。

贝类海鲜:贝类海鲜应该以左手持壳,右手持叉,将其肉挑出来吃。吃鱼片时,可用右手持叉进食,避免使用刀具,因为细嫩的鱼肉很容易就会被切碎而变得难以收拾;遇到一整条鱼的时候,先吃鱼的上层,再用刀叉剔除鱼骨,切忌将鱼翻身。吃龙虾时,可用手指去掉虾壳后食用。

水果:水分多的水果应该用小汤匙取食。桃类及瓜类,餐厅会先削皮切片,应该用小叉子取食。草莓类则多放于小碟中,用匙或叉取食均可。另外,在吃水果的时候,餐厅通常会提供洗手盒,里面会放置花瓣或柠檬,以供洗手之用。

甜点：一般蛋糕及饼类，用小叉子分割取食，较硬的用刀切割后，同样用小叉子分割取食，至于冰淇淋或布丁等，就可用小汤匙取食。如果遇到小块的硬饼干，可以直接取用。

(4)饮用礼仪

汤：喝汤时要用汤匙，而不是将整个碗端起来喝，用汤匙喝汤时，汤匙应该由自己这边向外舀，切忌任意搅和热汤或用嘴吹凉。喝汤时避免出声是最起码的礼貌，当汤快喝完时，可将汤盘用左手拇指和食指托起，向外倾斜以便取汤。喝完汤之后，汤匙应该放在汤盘或汤杯的碟子上。

咖啡和茶：喝咖啡或茶时，餐厅一定会附上一只小汤匙，它的用途在于搅散糖和奶精，所以尽量不要拿糖罐及奶精罐中的汤匙来搅拌自己的饮料，也不要用汤匙舀起咖啡来尝甜度，不然保证你一定会得到全桌的注目礼。喝咖啡或茶时，应该用食指和拇指拈住杯把端起来喝，至于碟子就不必端起来了。喝完之后，小汤匙要放在碟子上。

温馨提示：从进门、用餐到结束，每一个环节都有必须注意的地方，虽然有些烦琐但也不至于太困难，只要利用机会勤加练习，相信培养餐桌上的气质也可以轻轻松松地完成。都市女性的就餐礼仪其实没有多么难，只要自己用心学习或多加留意就可以做到。

提前多学习一些用餐礼仪，就可以避免我们在餐桌上做出不必要的失礼行为，精致的女人更要注意一些细节，以给人留下好的印象，让自己优雅不失风度。

第八章

跟英国第一夫人
萨曼莎·卡梅伦学品位

英国第一夫人萨曼莎不仅父亲家族声名显赫,她的母亲也出身上流社会,是英国著名邮购家具公司OKA的创办人之一。与英国大多数穿着老气的政治人物夫人不同,萨曼莎学艺术出身,曾任创意总监,偶尔担任高级杂志的封面人物,自然流露的个人品位令时尚界印象深刻。

尽管萨曼莎在公众场合表现得十分低调,但她每次现身时的穿着打扮,却常常是英国媒体讨论的话题。最独特的是,她善于把名牌、设计师的作品与英国商场的平价货混搭着穿,若不是品位超绝的高手怎敢在众目睽睽下如此大胆。例如,在保守党大会上,她穿着出自"玛莎百货"的灰色圆点连衣裙出场,表明尽管她身居高职出身贵族,但也只是一个普通的妻子和母亲。

时尚专家评论说:"萨曼莎的穿着低调有派,成熟但不老气,看似保守却又不失品位,女性选民无论老少都挺认同的。她能将便宜与高档服装混搭着穿,而且敢穿七分裤与厚底鞋露出小海豚刺青,可见她很有自信。"

品位与物质有关,但绝非是纯粹的物质产物。真正有品位的女人,在旁人眼里是美丽可爱的,她们不一定天生丽质,却知道怎样

> 打扮自己;她们的日常用品不一定很昂贵,但是一定适合自己;她们的生活不一定很复杂,但一定会过得舒适;她们的容貌会变老,但心态永远年轻。"清水出芙蓉,天然去雕饰",一个女人无论怎样修饰自己,都应达到这样的境界。这种品位,才是一种婉约而持久的美丽。

1.女人如诗,品位是一种生活态度

萨曼莎·卡梅伦是斯图亚特王室后裔,年轻时叛逆前卫,在选中戴维·卡梅伦为夫后,她却成了典型的贤妻良母,不过她高雅的品位却越发的璀璨迷人,每当她出现在人们眼前时,总能带给人温润如玉的美好感受。这种美好,是由内而外自然散发出来的,即使是在美人如云的各国第一夫人团,也让人无法忽略她静谧安然的存在。

女人的品位,不同人有不同的理解。处乱不惊的宁静心态,笑对人生的淡泊情怀,举手投足间溢出的自然、从容、优雅的韵味,都能显露出女人的品位。

品位是一种生活态度,也是一种无形的智慧和财富。如果说性感魅力是女人外在的美丽,独立自信是女人内在的气质的话,那么品位格调则是女人价值的终极展现。一个女人拥有品位,就等于享受增值的自我,表现出品位,则意味着成功了一半。

女人的品位来自其内心深处,是女人内涵、神韵、气质、魅力的显现。

第八章　跟英国第一夫人萨曼莎·卡梅伦学品位

有品位的女人,心灵如水晶珍珠般洁净,既能在山野中放飞自我,也能在都市里闪耀,由内而外,深入人心。她们不刻意在梳妆台前浓妆艳抹,炫耀靓丽,但那不经意间的清新优雅,却萦绕在广大空间,像一块不需雕琢的玉,无论放在哪里,都熠熠生辉。

她们不因富贵平添奢华与浮躁,也不因贫寒徒增寂寞与烦恼,一面用缤纷的眼光看世界,一面以平和的心态对人生,似绿茵中的一株小草,虽不能遮风挡雨,却深信自己也是春天里一抹鲜亮的新绿。

她们不愿意涉足名利场上的喧嚣,却能用心去打造属于自己的那片天地,从不矫饰心灵的窗口,却能在坦荡中昭示自己那特有的魅力。风雨飘摇时,能勇敢撑起心中那把伞,不去放纵自己的怯懦,拉着别人的衣角哭泣。

她们不会让爱成为一种负担,在平凡中细数每一个日子。相聚时,你在她的心头;离别时,她在你梦的路口,用一生的等候,去换取男人无数次的回眸。她们坚信既然已经牵手,就要相依到永远。

她们把品行与智慧都写在宁静的心里,未必有驰骋疆场的豪情,却能用心去感悟人生。她们善于学习,具有适应社会、工作、家庭和生活的本领。知识品位使女人变得优秀,温文尔雅,善解人意,心态平和,情感丰富,视野开阔,境界升华,敢于融入社会,直面人生。

漂亮不等于品位,女人再漂亮也经不起岁月的磨砺。美丽的外表不能代替品位,品位的内涵却可以覆盖外表,甚至突破年龄的残酷界限。有些女人虽已发如霜雪,但看上去仍很有品位。有些女人虽然年轻漂亮,却很难显现出女人的品位。

同样是漂亮,有品位的女人美得透,美得极致,美得入骨髓。没品位的女人,则像一个美人雕像,空具美的形态,却无美的韵味。即使貌若天仙,珠光宝气,浑身名牌打造,也让人觉得庸俗、肤浅。生活的磨砺,岁月的雕琢,会让有品位的女人沉淀出一种暗香。安静优雅,温柔妩媚,不张狂,不矫揉造作，不能一眼就让人看懂，需慢慢品味和欣赏。

女人的品位是一本书，从头读到尾也许会厌烦，但不论什么时候，当你合上或打开书想起她时，就会流连忘返，舍不得丢弃，并拥有一种让你安下心来与她共度好时光的力量。男人是女人的忠实读者，女人是男人的欣赏对象。女人的品位只有好男人才能真正体味，然而有些男人却始终读不懂。

女人的品位没有定式没有形状，从骨子里淡淡溢出，慢慢释放。有品位的女人给人一种美的感受，一言一行都十分优雅得体，时间为之增色，岁月为之添香，人生为之恒久弥漫芬芳。

2.有品位做底蕴，只闻暗香浮动

自萨曼莎入住唐宁街10号以后，第一夫人的称号使她感受到了前所未有的压力。人们眼中的萨曼莎，温柔、贤惠，却也独立、坚强，她依然担任时尚总监默默地在丈夫身后全心全意地支持他、帮助他。她用高超的品位打底，适应不同的角色，打造出多姿多彩的生活。

像萨曼莎这样一个生活中处处用品位做底蕴的女子，怎能不让人发自心底的敬重与爱慕呢？

有品位的女人无人不喜欢，不管是男人还是女人。愚钝的女人总是在抱怨：上天是如此不公，为何不将那样的身材与美貌赐予我？而女人的品位往往是通过后天的努力得来的，让人心服口服。当女人从表面的自我，过渡到一种深厚的内在时，她便会呈现出一种升华后的极致美丽，与从

第八章　跟英国第一夫人萨曼莎·卡梅伦学品位

前相比,不可同日而语。

在一次世界文学论坛会上,有一位相貌平平的小姐端正地坐着。她并没有因为被邀请到这样一个高级的场合而激动不已,也不因自己的成功而到处招摇,只是偶尔和身边的人交流一下写作的经验。更多的时候,她在仔细观察着四周的人。不一会儿,有一个匈牙利的作家走了过来。他问她:"请问你也是作家吗?"

小姐亲切而随和地回答:"应该算是吧。"

匈牙利作家继续问:"哦,那你都写过什么作品?"

小姐笑了,谦虚地回答:"我只写过小说而已,并没有写过其他的东西。"

匈牙利作家听后,顿有骄傲的神色,掩饰不住自己内心的优越感。他说:"我也是写小说的,目前已经写了三四十部,很多人觉得我写得很好,也很受读者的好评。"说完,他又疑惑地问道:"你也是写小说的,那么,你写了多少部了?"

小姐很随和地答道:"比起你来,我可差得远了,我只写过一部而已。"

匈牙利作家更加得意了,他说道:"你才写一本啊,我们交流一下经验吧。对了,你写的小说叫什么名字?看我能不能给你提点建议。"

小姐和气地说:"我的小说名叫《飘》,拍成电影时改名为《乱世佳人》,不知道这部小说你听说过没有?"

听了这段话,匈牙利作家羞愧不已,原来她就是大名鼎鼎的玛格丽特·米歇尔。

这就是有品位的女人,她不经意间所流露出来的优雅,让人佩服得五体投地。

时髦,可以追可以赶,可以花大钱去"入流",而品位却是模仿不来、着急不得的事。品位,是一种知识的积淀,不管是直接的还是间接的,都是一种必需的积累;品位不是一种形式上的东西,它需要你在生活中不断学习,需要你以丰富的人生经历来成就。品位有着终生学习的特性,它是台阶式的,学一点,修一点,修一点也就提升一点。品位需要女人学一生,坚持一生,它才会让你受益一生。

"品位"二字,没有内涵是勉强不来的。品位不是虚无缥缈的一种自我感觉良好,它是全面的、整体的、由表及里的综合表现。品位是一种集个人的出生背景、文化层次、生活素养为一体的,只能靠感觉去体验的东西。

女人品位之树的根要深扎在文化与经济的沃土里才能枝繁叶茂。当品位成为一种自然的气质时,你一定会显得成熟、温柔;当品位代表你的性格时,事实上你已把握了自己的人生。

女人的品位又像一口泉,智慧之水在涌动中展示充分的人格魅力,散发着令人仰慕的内在芬芳。生活中的女人们应尽量提高自己的品位,多一些优雅,品味人生中的崇高境界。

有品位做底蕴的女人不见花开,只闻暗香浮动。

3.永恒的美好,是一点一滴的积累

萨曼莎·卡梅伦从小就接受全面的教育,拥有良好的教养和丰富的学识,这些一点一滴积累起来的修炼为萨曼莎良好的品位提供了坚实的基础。每一个有品位的女人都深深明白一个道理:美丽不是漂亮。漂亮会随着时光的流逝渐渐飘逝;而美丽则会随着生活的历练与修养的滋润而永

第八章　跟英国第一夫人萨曼莎·卡梅伦学品位

远散发着崭新的气息。

就如居里夫人说的:"17岁时,你不漂亮,你可以怪罪于你的母亲,她没有遗传给你好的容貌;但是30岁时,你依然不漂亮,你就只能责怪你自己了,因为在那么漫长的日子里,你没有往你的生命里注入新的东西。"

姣好的容貌远没有优雅的气质有吸引力,而气质是知识与修养的结合,是不由自主地散发出的魅力。一个没修养的美女,大家称之为花瓶;而一个满腹经纶的女子,即便她其貌不扬,她的人格魅力也会令许多人折服。生活中,比美丽的容貌重要的东西还有很多很多,奉劝美貌的女子一句话:"镜子并不是你的出门通行证,男人也不是你生活的唯一体验。真正的美丽是在漫长的岁月里不断修炼出来的。"

美丽是坚持追求的结果,修炼的美才会越来越光彩焕发。开阔的胸怀、绝顶的聪明、出众的才华、丰富的阅历、岁月的磨砺,这样一股内在的精神画卷,才是一种大家的从容、宁静、谐和之气,一种不怕红颜褪尽,可以穿越岁月磨蚀的圣洁之美。

那么,修炼过后的美丽,究竟是怎样的呢?

它不仅仅是高贵的出身、时髦的妆饰、优雅的言行、华丽的背景,也不仅仅是以上一切的相加。这种美丽是一种朴素的教养和宽容,一种恬淡的向往和行走。它是自心灵深处散发出的光辉,透过骨骼、肌肤,不仅映照着自己身上的每一个细节,还照耀着外面的世界。这种光辉不必精彩四射、艳惊四座,它只是那么柔和,柔和得近乎微弱,不须惊动谁。美丽,从不追求喧哗。

这种美丽在于恬静,不为外界的诱惑所动,任风生水起,依然和煦淡远;这种美丽在于淳朴,清水出芙蓉,天然去雕饰,一篱野花要远远胜过花篮里的九百九十九朵玫瑰;这种美丽在于专一,心无旁鹜,自能返璞归真,一朵美丽的花,它的开放不是为了赞美,也不是为了飞舞不定的蜂和蝶,而是为了平平静静地萌芽、生长和绽放;这种美丽在于热爱,热爱生活,热爱世界,犹如一棵草绿了大地,一滴水润了嫩芽。这种美丽,是内心的需要。反过来也可以说,这种美丽,需要内心。

这种美丽如林徽因,她有着美丽的容貌,优雅的气质,过人的胆识,超群的智慧。她是学者,是诗人,也是作家。她可以跟着丈夫到穷乡僻壤,像其他男士一样爬梁上柱进行精确的测绘;她可以和徐志摩一起用英语讨论英国古典小说和中国新诗;她可以和金岳霖作哲学的思辨和理论。她是一个会令所有女人都汗颜的女人,甚至在她死去数十年后,我们还记得在那暗淡的时代背景下,她清秀的面容和恬淡而坚定的眼神。

这种美丽还如戴安娜,她魂归天国之后,在那遥远的国度,还有很多人难以忘记她在非洲贫民面前真挚的微笑,和毫不犹豫地向艾滋病患者伸去的纤纤玉手。

人类的审美趣味像小孩的脸,动不动就要改变。一会儿是燕瘦,一会儿是环肥;一会儿是绝艳,一会儿是清纯。但对灵魂的要求却始终不变:纯净、热情而坚贞。因此,美丽需要从容的心情,如玉石一样静默,只有在别人细细欣赏的时候,它才透出内在的光辉来;如草叶一样恬静,无论雨雪风霜,青绿枯黄,它总等得到春风来的时候。

让自己的美丽得到一些修炼吧。只有修炼过后的美丽才能独树一帜。例如张曼玉,说实话,张曼玉并不是非常漂亮的女人,她的美丽是这些年来,一点点积累起来的。

张曼玉刚刚出道的时候,几乎没有什么特色,很多人评价她是花瓶。可是张曼玉懂得,明星只是一时的,而演员才是永远的。在外界给予的光环背后,张曼玉懂得珍惜更多朴素的东西。2003年,随着张艺谋的大片《英雄》在全国热映,片中的女主角飞雪在大漠风沙中明艳逼人的完美肌肤给爱美的女人们留下了深刻的印象,人们不由感慨,岁月的痕迹似乎从不曾在张曼玉的脸上驻足过。

第八章　跟英国第一夫人萨曼莎·卡梅伦学品位

张曼玉的美丽是修炼出来的，是坚持追求美丽这个好习惯得到的结果，而不是保养得来的。保养来的美丽是标本，顶多不褪色罢了，修炼的美丽才会越来越光彩焕发。十年前，风华正茂的她不过尔尔，而这十年中，她抓住每一个机会认真修炼自我，十年后，年事渐长的她却成了不折不扣的美人，温润晶莹、优雅高贵。支撑这些的不是她风韵十足的外貌而是她的内心，看她明亮的眼神，从容不迫的谈笑，可见其内心的饱满丰盈。在她身上，岁月的消逝根本没什么可怕的，给她更多的是好心情与自信。不信，你看看她是怎么修饰头发的。"我站在镜子前就可以自己剪了，脑后的位置我一摸就知道哪里太长，我剪得很干脆，当然也有失手的时候，但几个星期就好了，不必太介意。"

都说女人的美丽常常需要其他东西来点缀，就像大街上时尚女孩子手里各式各样的手机饰物。晶莹的珠宝、亮丽的衣服、娇媚的笑容都可以把一个女子装点得楚楚动人。殊不知，这世界上最能使一个女子越过年龄的羁绊而呈现出一种大方、典雅、谐和之美的，却是她的气质。一种内在精神修养充溢于外表的柔和之光。这东西可不是美容师用高科技能做出来的，她依赖于岁月磨砺中的修炼。

4.经济独立的女人更有味道

贤妻良母的萨曼莎还有其独特的另一面——一名精明自信的职业女性，她拥有着令人艳羡的成功事业。

魅力　第一夫人教你的品位课

萨曼莎26岁毕业后便加入了英国百年老店斯迈森——伦敦时尚中心邦德街上的一家老牌文具和笔记本商店，查尔斯·狄更斯、温斯顿·丘吉尔，还有英国王室都是斯迈森笔记本的粉丝，它甚至还为美国总统肯尼迪的葬礼提供了黑色的签名簿。在萨曼莎成为其创意总监后，这个古典品牌随即焕然一新，深受各界名流的喜爱，她自己也因此获得"全英饰品最佳设计师"的称号。在她的重新设计包装之下，价格不菲的斯迈森笔记本俨然变成了邦德街上的时尚奢侈品，最便宜的传统笔记本也要40英镑。

萨曼莎还成功地将斯迈森落户于美国洛杉矶好莱坞的比弗利山庄，她同时也推出了以自己女儿南茜的名字命名的手提包系列。这种价格均在千元英镑上下的手提包，在比弗利山庄一经推出后就被一抢而空。

她的美丽光环绝不是丈夫带来的。在卡梅伦成为英国首相之前，萨曼莎就已经在斯迈森奢侈品公司担任高管，薪水可能比卡梅伦还高。在丈夫成为英国首相之后，身为第一夫人的萨曼莎更是吸引了全世界的瞩目，站在时尚之巅推动着英国这个古老国度时尚产业的发展。成功的事业更加增添了萨曼莎的魅力，让她在面对人生各个阶段时都越发地游刃有余。

在古代，女人没有地位可言，只能被称作是男人的附属品。男人可以三妻四妾，女人却无权过问，因为那时候的女人大多没有独立的生活能力，出阁便要嫁人，没有接受教育的机会，一生都要依附于男人生活，甚至于人们把女人的无才当成是一种美德。社会历经了无数的朝代变迁，如今的女人，已拥有了和男人同等的社会地位，虽然女人在政治经济领域中占主导地位的并不多，但事实上人们已经认可了女性为社会创造财富的能力。

女人如水，需要人们的关爱和呵护，但这并不意味着女人没有自己独立生存的能力。一个独立而又有品位的女人，是女人中的精品。

所谓女人的独立，并不是说女人非要做一个女强人，只在意自己的事

第八章　跟英国第一夫人萨曼莎·卡梅伦学品位

业,这样的女强人,往往会令男人望而却步。做一个独立的女人,很大程度上是要有自己独立的经济能力,在生存上不需要依附于男人,有能力购买自己喜欢的衣服和鞋子。当然,这并不是说女人有钱就可以称为独立,关键是她在男人的心目中依然会是一个柔情似水、贤惠有佳的好女人。这样的独立,对于女人来讲需要的是一种生活的智慧。一个有智慧的女人,无论在何时,都会给人一种成熟的美感,因为这样的女人,懂得怎样去体贴别人,去处理纷杂的人情世故,不会当众让男人难堪。

女人都喜欢浪漫,喜欢小资的生活,但是一个女人在依靠男人生活而没有自己独立的经济能力时,这些都只能成为奢想,因为她要看男人的脸色行事,如果男人够小资的话,女人可以跟着小资,如果男人很呆板的话,那么女人可能要跟着过一辈子乏味的生活。很多女人的一生,都是在为男人、孩子和家务活着,每天都要面对柴米油盐酱醋茶的琐碎,一辈子也跟浪漫和小资沾不上边,所以,做一个独立的女人,就要有自己的追求,并且可以为自己所追求的东西努力。女人在拥有了自己的创造能力后,就可以过自己想要的生活了。即便结了婚,有了孩子,也不光是女人一个人的责任,女人可以带孩子,男人为什么就不可以帮忙呢?女人可以做家务,男人同样也有这个义务。如果女人要依靠男人赚的钱生活,而这个男人又不够怜爱她的话,那就什么也不要讲,专心在家带好孩子,做好家务等着男人回家好了。

做一个独立的女人,需要足够的勇敢和自信。女人的勇敢,体现在她敢于为自己的理想和追求去奋斗。一个女人,在做成一件自己想做的事情的过程中,会碰到很多困难,这时候就需要女人有足够的勇气来面对这些困难。其实,女人和男人一样,男人可以面对这些困难,女人又为什么不可以呢?没有什么做不到的事情,只是看你想不想做,敢不敢做而已。女人一旦有了自信,很多困难会轻易被克服,因为她们相信自己能够做到。自信的女人才是完美的,自信的女人会恰到好处地知道自己的长处并且可以适当地运用。

独立对于女人来说很重要,但是单单只做一个独立的女人,总是有点女强人的味道,可能会令男人望而生畏,避而远之。因此,品位对于女人来说同样的重要,女人在独立之后,就拥有了自由的权力,可以选择自己想要的生活。如果这个女人没有自己的品位的话,她选择的生活或许不会太好。女人的品位,一方面表现在女人的穿着打扮上,另一方面就体现在女人的一些生活习惯和言谈举止上。

一个既独立又有品位的女人,一个既成熟自信又优雅的女人,能最大程度地发挥女人的极致,成为别人眼中一道亮丽的风景。如果你认为自己还不够这种极致的话,那就努力行动吧。

5.亲近艺术,远离八卦和肥皂剧

仔细观察萨曼莎的生活细节,我们不难发现她的好品位其实与从小受到的艺术熏陶密不可分。

萨曼莎有艺术的天赋,有艺术家独特的气质;她热爱艺术,钟情时尚,喜爱一切美丽的事物;她曾经梦想成为一名职业画家。为了实现梦想,萨曼莎从马尔伯勒私立中学毕业以后,毅然来到当时的布里斯托尔工艺学院(西英格兰大学前身),在那里刻苦学习美术。

在大学里学习的萨曼莎,就仿佛从贵族家教的"牢笼"里解放出来一样,心里十分轻松。萨曼莎的心灵终于冲破贵族教育的压抑,彻底地自由了,艺术的特质在她的身体里爆发,她突然变得大胆起来,行为举止异常

第八章　跟英国第一夫人萨曼莎·卡梅伦学品位

疯狂。她的脑子里不时闪现出各种各样稀奇古怪的想法,然后狂热地将其付诸行动。也就是在这个时候,萨曼莎追逐着文身的潮流,在自己的脚踝上文了一个海豚的图案。看起来,她似乎已经背叛了自己的贵族身份,成为一个前卫、行为不羁的艺术爱好者。

萨曼莎喜欢大学生活,喜欢这个聚集了形形色色人物的地方,喜欢这个疯狂热闹的场所,喜欢这个广阔的交友空间。在大学里,萨曼莎对什么都充满了极大的兴趣,文学、艺术深深地吸引了她的目光,形式丰富的街头文化也同样引起了她的兴趣。喜爱艺术的萨曼莎无疑把街头文化看成了生活的一大乐趣,并把它列入自己的行动计划中。

萨曼莎积极参与各种活动,并且在活动过程中结识了很多朋友。她经常跟这些朋友游玩。萨曼莎与这些跟她的贵族背景格格不入的朋友相处融洽,并没有因为身份的差别而产生分歧。

萨曼莎还喜欢酒吧的夜生活,那里的灯红酒绿充满诱惑,她能在那里收获到丰富多彩的刺激。在当地的一家酒吧,人们常常能看到萨曼莎的身影,她喜欢这里,喜欢在这里享受夜的喧嚣,享受身体感官强烈的刺激。因此,朋友们后来一直都戏称萨曼莎是一位"内心中的嬉皮士"。

萨曼莎曾经梦想成为职业画家,现在看来,她显然没有实现这个梦想,但她一直坚持让自己的生活充满艺术的气息。

对艺术的热爱与追求影响着萨曼莎生活中的一切,也让她的品位在无形中厚积薄发。我们常常发现,只要是和艺术沾边的,哪怕是工作和艺术沾边的女人气质都很好,即使长相很一般,也会有这样一种气质,更耐看也更引人瞩目。为什么呢?这是因为拥有艺术气质的女人更有品位。

拉斐尔曾说:"艺术可以延长生命。美是一种沉静时的顿思,只有内在有深度你才会像宝藏一样淘之不绝。"有些女人宁愿拿出大把大把的时间来看那些冗长的电视剧,也不愿意走出去看看画展,听一听音乐会。她们和别人聊天的时候,最多的话题就是搬弄是非,八卦新闻,从来说不出什么有见地的话。但是有些女人,却总是走在时代的前端,和她们聊天,你会觉得那是一种享受,因为她们说出来的话让人觉得很有格调,也很受启发。无论是音乐、绘画还是文学,她们都能发表一些自己的看法和见解。她们之间的差异其实和有钱没钱没什么关系,也不在于容貌的好坏,而是在于对待艺术的态度以及艺术在她们生活中的位置。

那些谈吐不俗的女人基本上都在一定程度上热爱着艺术,并让艺术成为自己生活的一部分。其实艺术这个词,说大就大,说小就小,它是音乐、绘画、摄影、文学……它无时无刻不出现在我们的身边,比如电影、书籍、歌曲……艺术修养是一个女人内在素质的重要体现,是一个女人可以享用一生的财富。有些女人总是认为艺术感觉和艺术修养是与生俱来的,实则并非完全如此。艺术修养不是天生的,它需要在艺术欣赏和才艺学习中逐渐培养和锻炼起来。接触各种艺术形式,参加丰富的艺术活动都能提高一个人的艺术修养。

女人若想让自己的生活变得更有格调,让自己的生命更加丰富精彩,就一定要让自己成为热爱艺术的女人。生命短暂,艺术永恒,艺术会带给我们很多东西。多去接触文学和艺术,生活需要精神上的支撑与引导。

热爱艺术并不是做给别人看的,不是附庸风雅,也不是拿出来作秀,热爱艺术是与生活息息相关的。正是对生命和生活有着极度的热爱,女人们才会对艺术有着浓厚的兴趣,并让自己的生活充满着艺术的气息。

也许有人怀疑热爱艺术的必要性,因为不少人认为,相较于赚钱来说,艺术那些东西实在是可有可无的,等有钱了一切都不是问题。但是,就算以后你赚了很多钱,也不见得就懂得创造和品位高雅地生活。你要知道,富有和品位绝对是两码事。

第八章　跟英国第一夫人萨曼莎·卡梅伦学品位

6.富有不是尊贵,时髦不等于有品位

萨曼莎出身于贵族家庭,但她从来都没有炫耀过自己的贵族身份。她非常喜欢一些平价品牌的服装,Topshop、Zara、M&S等大众品牌常常会是她的囊中之物,而且她几乎不用名牌包。萨曼莎给自己的形象设计是朴素、踏实、平易近人,并且不失时尚品位。

如果你经常出入一些社交场合,就不难发现,总有一些浑身上下珠光宝气的女人,她们想要炫耀奢侈大牌与富贵身价的迫切表情简直让人难以直视。

菲尔丁说:"一般而言,真正优雅的品位总是与卓越的心灵相伴。"可见,品位来自内心。

众所周知,明星们工作大多繁忙,他们本人可能没有那么多时间去逛街买衣服,既然如此,那为什么在红地毯时,这些明星们的着装会如此的千差万别呢?

杰西卡·帕斯特是好莱坞最红的造型师之一,在她眼中,明星们的着装有差距并不奇怪。格温妮斯·帕特罗、尼可·基德曼那样的明星,她们知道自己适合穿什么、该穿什么,可算是第一等;那些经常光顾造型师的明星,比那些给某个品牌旗舰店打个电话就买衣服的明星显得更有品位,她们可以算第二等;但小甜甜布兰妮算是一个反面教材,即使她和第二等穿着同样的衣服,搭配的方式也能看出高下,她拥有一组专业的形象设计师,但是正如大家所看到的,各种公开场合之后,她本人经常被列入最差着装人士——这便是第三等。

时尚需要好的品位打底,时尚是表现,而品位是底蕴。衣服、手表、包、

魅力　第一夫人教你的品位课

鞋子、红酒,都是身外之物,品位虽来自于对这些东西的熟识与品鉴,但更多的来自修养——你喜欢看书吗?你喜欢谁的电影?你听什么音乐?你热爱旅行吗?你喜欢逛博物馆吗?

卡米拉的品位曾最遭到民众的讥讽和非议,保守的衣着、蓬松的头发,让人感觉她的形象实在邋遢,她也因此多次荣登全球女性最差着装榜。事实确实如此,卡米拉的着装几乎和时尚沾不上边,大家也看不出来她穿的都是什么牌子的衣服,她根本就不是一个时尚的人。然而却有专业时尚人士分析,其实卡米拉一贯设计简朴的衣着正是典型的英国乡村贵族女性的风格,她的穿着体现了一个传统英国上层社会女性优秀的品位。理由是,在英国,有身份的富贵人家大都成长在乡村世袭的土地上,他们并不关注所谓的时尚,他们有一脉相承的自己的风格。也就是说,从卡米拉的身份来看,她不仅品位不差,而且还相当好。

女人的品位,是时间打不败的美丽。作家黄明坚说:"女人是一种指标,如果女人都散发出品位,社会自然成为泱泱大国。"

所以,品位比时尚高一点吗?不,是高很多。

可可·香奈儿有句名言:"时尚多变,风格永存。"之所以举这个例子,不是想重复说她是多么出众的设计天才,而是我们可以看看她是如何让香奈儿这一品牌成为风格,成为品位,而不是时尚——香奈儿以她的品位,一生中曾两次准确无误地掌握时装潮流的命脉,两度把全世界女性的服装进行了全面革新。

这是一种强势的品位,香奈尔因此缔造了时尚潮流。正所谓物以类聚,人以"品"分。时尚可以让女人千人一面,而品位却会将女人划入各个圈子和阶层。

众所周知,品位不高,不可能时尚。假装有品位,只能制造笑话。可时尚又是什么呢?迪士尼、麦当娜、高跟鞋、猫王、嘻哈、裤脚的翻边、哈利·波特……这些光怪陆离人手一份的潮流,便是时尚,但是我们只是这稍

第八章　跟英国第一夫人萨曼莎·卡梅伦学品位

纵即逝的时尚潮流的奴隶吗？

我们每个人都希望受到别人的关注与欣赏，都希望过上高质量的生活，都希望拥有得体的言行举止，都希望让自己能够光彩照人……于是，要想在芸芸众生中获得潮流的控制权，你必须具有高于别人的审美情趣——这便是品位。

被称为美国偶像的莎拉·杰西卡·帕克说："你的品位决定了你是什么样的人，决定了你特殊的社会地位与自我形象。"言下之意便是，品位用选择说话，以行动上色。无论是挑选一件衣服的品牌，还是选择一本书、一张唱片；无论是选择一种职业，还是选择一个伴侣，好品位都在影响和指导着人类行为的方方面面。你的选择决定了你是什么样的人，诠释着你的风格和举止。

每个人的着装都是有意义的，其终极目的在于彰显自我。社交圈是个势利圈，人与人的接触可能只是打一个照面的时间。据说，如今社交圈里只允许花1分钟让别人喜欢上你，没人会在短短1分钟内搞清楚你究竟身价几何，第一眼的印象至关重要——在同样的时尚中，怎样显现你不同的品位，才是你首先要解决的课题。

如果你自认为还算是个时尚的人，打开衣柜，看一看你收藏的那些"时尚"的衣服，也许你会找到大量自己亲自买下的"错误选择"。那些衣服，除了可以盘点一下近年的服装潮流，真的让你后悔到要哭，你一定也会为自己当初穿了这样的衣服而偷偷感到羞愧。

资深时尚评论人、英国圣马丁艺术学院的安德鲁·塔克就说："糟糕的是，女人们被潮流拖进了一个连环套，买了衣服，又扔掉，扔完了又买，而不愿自己被划入不美的行列。其实，美就像光从玻璃中通过不同角度厚薄及色彩，所呈现出的各种视觉效果。"

品位是会时时说话的，你的品位决定了你的选择，也决定了你在众人面前的形象，从时尚到品位，从表面到灵魂，迪奥先生说："什么让你更完美？是你的理解力。而理解力恰恰就决定了品位。"

7.走出去，旅行让生活更美好

萨曼莎建议女人应该多出去看一看，走一走。旅行绝对是人生中值得投资的一件事情，因为它会给你的人生带来许多新鲜和改变，也让你更清楚地认识和了解自己。

女人很容易犯这样的错误，就是宁愿花钱购买一些没有用处的东西，也不愿意花钱去旅行一次。虽然旅行看起来花的钱要比买一些东西多得多，但是只要制订出每年的旅行计划，并且稍稍地注意一下自己的花费，一年出去旅行两次还是没有问题的。其实，旅行也是生活的一部分，只要认识到这一点，对旅行做一点投资，将会终生受用。

很多女人常常因为胆怯，担心出门遭遇危险而拒绝旅行。如果你经常出差的话，你就会知道这个世界并没有想象中那么危险；反之，经常宅在家的人会很容易被一些新闻或传言所影响，认为外面的世界充满了不安，尤其是女人，这种倾向可能会更明显一些。那么，对女人们来说，哪里才是安全而又舒适的旅游胜地呢？为了让大家安心快乐地享受旅游的乐趣，这里选出了女性旅游不可错过的五个地方，接下来让我们一起去了解一下吧。

(1)新西兰

新西兰除了是全球最具视觉震撼的地方之一外，也是最安全的一个旅游地，长白云的土地上到处都是友善的人。这里也是羊儿的天堂，羊的数目远远超过了当地的居民，而且，搭便车在这里穿梭是很流行的方式。

(2)泰国

也是最受游客欢迎的地方之一，不仅因为它的风景与文化，还因为女

第八章 跟英国第一夫人萨曼莎·卡梅伦学品位

性在这里有着很重要的地位。很多宾馆、酒吧、饭店和旅游公司都是由女性管理操作,这是极为罕见的。当然政府对于这一现象其实也有一定的促进作用。例如,在清迈,政府专为女囚犯设立了一个"康复方案",用来教她们一些按摩技巧,以便她们被释放后,可以找到好的工作。

(3)韩国

韩国的教育系统是最让人印象深刻的,根据2010年联合国教科文组织的研究报告显示,15岁以上女性的识字率达到了98%。由此可见,韩国是一个相对安全并且方便的旅游地。不仅是韩国人,一些外籍女性也称韩国为自己的家,而留在韩国担任英语教师,来帮助指导下一代,甚至下下一代的女性。

(4)冰岛

在《新闻周刊》做的关于法律、健康率、教育水平、女性在政坛上的占有数目各方面的调查报告之上,冰岛在165个国家中脱颖而出,位于第一名。冰岛不仅自然风光优美,而且人数少,仅有30万居民。

(5)加拿大

加拿大一直都是女性觉得最快乐的居住地之一。这里风光旖旎、犯罪率极低,并且还提供免费的医疗护理,这对女性是极其重要的。

温哥华是一个充满乐趣的城市,那里的人们很友好,温哥华附近的岛屿也很美丽,许多人在周末的时候会乘坐渡轮去享受那里的美和乐趣。

另外还有国内很多风光旖旎的地方都适合作为大家的旅行之地,只要抛开忧虑,用一颗积极向上的心去拥抱生活,哪里都是美好的小世界。

二十岁的时候,可以将旅行变成情感沙龙,在旅行中整理敏感的思绪;三十岁时,去专属于自己的旅行地点,在游历中沉淀日渐繁杂的心情;四十岁时,告诉自己除了家庭还要记得有梦想没去实现;等到了五十岁时,仍然需要保有对未知世界的好奇,提醒自己:最美的风景可以在不懈地追求中,也可以永远保留在心里……

8.改变方式,全方位提升自己的品位

向第一夫人学习品位,并不是要克隆出另一个萨曼莎,只要认真学习,每一个女人都能拥有自己独一无二的好品位。而女人的品位,是时间打不败的美丽。

(1)插花:美丽女人必修课

虽然现在还将女人形容成花有些过时,但女人与花总有着不解之缘。插花是一门既古老、时尚,又充满着浓郁生活气息的高雅艺术。现今的女人们更是要把大自然的绿色和鲜花带回家,通过自己动手布置,去调剂生活,陶冶情操。插花是向往美丽的女人的必修课。一个美丽的女人,和自己的插花作品,本身就是一幅不可多得的画面。在安静的房间里,恬静地看着摊开一桌的香艳花草,那份赏心悦目,会为平凡的都市生活增加典雅的意味。在充满花香的生活里,女人永远不老!

(2)音乐:生活里只有云淡风轻

这里说的不仅仅指音乐,而是面对众多的艺术素养,你需要具备其中的一种,摄影、抚琴或陶艺等。作为最有灵性的那朵玫瑰,女人应该拥有艺术化的、充满惊喜的生活,音乐、摄影或陶艺都能使你在喧嚣中将一切归于淡然。在假日悠闲的午后,沏一壶绿茶,闭上眼睛,走入音乐的世界,想象自己正漫步在斜阳下的山坡上,沐浴着清香的微风;或是静坐在斜阳西照的花园里,回想往事……经典的音乐,使一切浮躁都变得云淡风轻。在音乐里沉醉的女人,在别人眼里,拥有更摄人心魄的气质。

(3)茶道:偷得浮生半日闲

对于茶之韵,每个人都有独到的感受和体验,正如禅宗推崇的"拈花

第八章　跟英国第一夫人萨曼莎·卡梅伦学品位

微笑,只可意会,不可言传"。茶道是东方文化的点睛之笔,东方文化与西方文化的不同,在于东方文化需要个人的悟性去贴近它、理解它。淑女性情如茶,安静却充满清香气。一壶好茶,能让你的心更加宁静,散发柔美的内涵和女人独有的味道。也许,在纯净之余,我们还会领悟到其他的一些东西。闲暇之余,泡一壶好茶,约二三知己,一香茗,促膝清谈,只谈风月,无关名利,享受这滚滚红尘里片刻的柔软时光。

(4)健康:比财富更重要

亦舒说:"我最想得到的是爱,如果没有爱,有健康也可以;如果健康也有,那么我要很多很多的钱。"可见,健康是比钱更重要的。你有再多的财富,100 000或是10 000 000,健康都是前面的那个"1",如果"1"没有了,后面有再多的"0"也是毫无意义。如果让男人在林黛玉、薛宝钗之间做选择,十之八九的男人都会果断选择后者,因为病美人的时代早已经过去了。多数时候,女人不仅仅是男人的目标,更是男人一起打拼的伙伴。所以,女人必须身心健康、容光焕发、态度积极。你可以经常做水疗、舍宾、瑜伽等活动。而游泳、射箭、潜水、攀岩,你也可以擅长其中之一。

(5)读书:腹有诗书气自华

文字之于女人,不是浮华的云裳羽衣。腹有诗书的女人,好比一坛尘封已久的女儿红,启开来,香气扑面而来,令人迷醉。有些事情人是无能为力的,比如外貌。如果你缺乏姣好的面容,你就让自己在文字中美丽。经典的书籍能让你将世事洞察得通透。你的文字使你与众不同,在你的身上呈现出一种高雅,一种"可远观而不可亵玩"的清冽。悦目的假花虽然艳丽,却是肤浅的,无法让人有深刻的体会。真正芳香的花,即便花朵不美丽,却也韵味无穷。腹有诗书的女人,历久弥新,回味悠长,是最美的女人。

(6)下厨:轻松打点曼妙美味

曾经叫嚷着男女平等而纷纷走出厨房的女人们,该回去了。出得厅堂,入得厨房。女人在骨子里就是贤良淑德的,为人妻为人母的温柔从来都没有离开过女人。安守家室,相夫教子,本是女人最美丽的样子。何况,系上漂亮的围裙,绾起缕缕长发,走进清淡雅致的厨房,切丝削片,快炒慢炖之间打点出曼妙美味,或是煲一个好汤,与爱的人一起分享,又何尝不是女人的另一种韵味呢!当然,下厨还有别的原因,为了爱,倾尽手艺,烧一桌好菜,他一句"你做的饭,我爱吃",敌得过万千蜜语甜言。

(7)装扮:一秒钟都不能懈怠

可可·香奈儿说过一句这样的话:"永远要以最得体的打扮出门,因为,也许就在你转弯的墙角,你会遇到今生至爱的人。"我们可以把它理解为法国式的骨子里的浪漫,也可以理解为女人装扮的最高境界:不能放过每个细节,一秒钟都不能懈怠。无论你是居家女人还是社交皇后,在何种场合应该做何种装扮,精明的女人都会有最恰当的安排。装扮是女人的第二语言,哪怕不交谈,它也能直截了当地告诉别人,你的职业、品位、个人气质和文化层次。所以,即使是周末的午后,在阳台的躺椅上小憩,也要穿上最雅致的便服。

(8)旅行:只为好风景停留

对于女人来说,旅行是漫无目的的行走,直到遇到好风景、好人情,再也迈不开步伐。女人的旅行没有计划,没有日程,走到哪里都是欣喜。在日复一日的办公室里,在自己快要发霉的时候,放下手头不管多重要的文件,走出去,享受艳阳天,晾晒自己发霉的潮湿的心情。旅行中的女人是无比美丽的,暂时告别格子式的办公室、格子式的家。你的世界广袤无垠。"出发"代表的是一种状态,一种过程,一种获得。是女人对生活常态的"放下",所以旅行中的你,应该抛下一切,在山野的风里自在地呼吸。

(9)理财:聪明女人会花钱

冰雪聪明的女人,不仅要会赚钱、更要会管钱。会理财的女人,收入、支出、贷款,算盘打得噼里啪啦,连艰涩难懂的财务软件都运用自如。女

第八章 跟英国第一夫人萨曼莎·卡梅伦学品位

性理财的意识似乎是天生的,虽然她们对数字并不敏感。除了传统家庭的狭小圈子,女人们也已经开始关注投资领域,关注保险、基金、股票,甚至外汇买卖这些专业的投资渠道和金融产品,并把理财当作是实现财务自由的必经之路。理财成精了以后,闲聊时有意无意地说一句:"我的基金赚了……"那份从容淡定不正是一种自信的魅力吗!

(10)社交派对:一晚的公主

某一晚,约不到心仪的那个人喝咖啡,没有关系,偌大的城市彻夜不眠,只要你愿意,至少有大把的社交派对可供你消遣寂寞。女人们永远是派对的焦点,顶尖的那种叫作"派对皇后",她们甚至具有派对的专业精神。爱马仕丝巾、限量版的路易·威登手袋、古驰新款高跟鞋,不大不小、不红不紫的明星,都可以在这里看到。端一杯红酒,浅酌小饮,或是在觥筹交错、推杯换盏间,与人不咸不淡的寒暄。走的时候再微笑着扔下一句"亲爱的,你今晚真漂亮"。一个夜晚便悄然滑过,回到家脱掉高跟鞋,依然做你的淡然女子。

(11)女人要有的个性书房

爱读书的女人,一定要有一间书房,那是一个完全自我的空间。在这里,你可以坐着写字,躺着听音乐,或是踱步看书,甚至只是面对一杯柠檬茶发发呆,打打盹儿。当然,现在书房的形态越来越多种多样的,不一定是单独一间房,装满书的书橱,写字台及椅子,甚至可以省略文房四宝,名人字画。在居住空间有了飞跃性改善的今天,怎样打理自己的书房,全凭自己意愿。

第九章

跟阿根廷第一夫人克里斯蒂娜·费尔南德斯·基什内尔学自信

外柔内刚的阿根廷第一夫人——克里斯蒂娜·费尔南德斯·基什内尔是前阿根廷总统内斯托尔·卡洛斯·基什内尔的妻子,这位个性独立、口才出众、举止优雅的政坛女强人是阿根廷政坛里的一朵"奇葩"。

1953年,克里斯蒂娜出生在阿根廷的一个普通家庭,受父母热衷政治的影响,她从小就对政治感兴趣。在大学学习法律期间,克里斯蒂娜就爱与人激烈辩论政治问题,并因此得到同窗基什内尔的倾慕。两人结婚后,克里斯蒂娜随丈夫步入政坛。

2003年,基什内尔就任总统后,克里斯蒂娜也以自信、张扬的个性,获得了较高的政治声誉。然而出人意料的是,2007年10月29日,克里斯蒂娜由第一夫人崛起成为阿根廷总统,这意味着她成了阿根廷历史上第一位民选女总统。2011年12月10日,她在国会宣誓就职,开始了第二个总统任期。

与多数政坛女强人的硬朗外表不同,克里斯蒂娜·费尔南德斯·基什内尔向来衣着时髦、举止优雅。阿根廷人特别喜欢这位名副其实的第一夫人,报纸上常常出现她穿着鲜艳衣服自信迷人的

第九章　跟阿根廷第一夫人克里斯蒂娜·费尔南德斯·基什内尔学自信

> 大幅照片。只要是出现在公众场合,她总会衣着亮丽、化妆精致,吸引大片的镁光灯。
>
> 身为两个孩子的母亲,克里斯蒂娜更愿意别人称自己为"第一女公民"。克里斯蒂娜坚信,做自己才是最好的。事实上,克里斯蒂娜也一直在做她自己,而且做得相当精彩。
>
> 这位第一夫人最闪亮的特质是自信。自信的女人不一定有闭月羞花的容貌,但一定在众人中有出众的气质。有人曾经说过这样一句话:"自信是女人最好的装饰品,一个没有信心,没有希望的女人,就算她长得不难看,也绝不会有那令人心动的吸引力。"这句话生动地说明了自信对女人的重要性。自信的女人不惧怕失败,她们用积极的心态面对现实生活中的不幸和挫折;她们用微笑面对别人的冷嘲热讽;她们用实际行动维护自己的尊严。这一切都淋漓尽致地表现出自信者的气质,一种坦诚、坚定而执着向上的精神。美貌可使人骄傲一时,自信可使人骄傲一生。

1.魅力女人,带着自信向前冲

克里斯蒂娜常被称为拉美"希拉里",但她似乎对此并不喜欢。她对媒体表示:"我和希拉里相同之处很少,虽然我们都是国会议员,也都当过律师,还是总统夫人,但是仅此而已。"她接着说:"我并不想和任何人比较。其实没有什么人比你自己更好。"无论在何种场合,克里斯蒂娜总

魅力　第一夫人教你的品位课

是会强调女人要勇敢的做自己。没有足够自信的女人也许可以做好第一夫人，但是绝不可能成为一位女总统。自信，是女人人生成功的唯一捷径。

自信的女人，走路的时候昂首阔步，沉着坦然的表情告诉人们她们的自信所在；自信的女人，不管是坐在餐厅，还是坐在大排档，都一样的优雅、不减风采，微笑的魅力使她们把握住人们的视线所在；自信的女人，买东西的时候不会徜徉不定，她们会走到自己喜欢的东西面前，挑选最合适自己的。

自信的女人，也许会疲劳，因为自信会带来众人的期待和信任，会令她们走进一个又一个劳心劳力的圈子。但是，自信的她们，总有办法用最短的时间，最恰当的方式巧妙地处理妥当，在众人的赞叹声中，保持她们自信的微笑，给大家送去定心的精神动力。

自信的女人，不一定是女强人。女强人的雷厉风行总使人敬而远之，而自信的女人却没有这样的特点，她们或者刚强，或者柔弱，或者中性，但都易于接近。刚强的她们，会露出豪爽的一面，用一份坦诚与爽朗使人们心悦诚服；柔弱的她们，总容易使人们心生怜爱，继而心甘情愿地为她做事；中性的她们，无论男人女人都对她欣赏佩服，那便更是源于一分自信的洒脱了。

自信的女人，懂得什么才是自己最需要的。弱水三千，她只取一瓢，那是她的睿智所在。芸芸众生，优秀杰出的人物不计其数，就算武曌再世，也不能网罗所有，何不只寻一个与自己志趣相投的人共赴一生。

自信的女人，不一定拥有自己的事业，但拥有事业的她们，一定能够在事业上挥洒自如，让上、下级同事、对手都心悦诚服。在工作中的她们，举重若轻，急大局所急，做事稳妥细致。

没有事业的自信的女人，不会学那些为赋诗词强说愁的小女人一样整天无所事事，消磨自己的青春。自信的女人目光长远，经营家庭，她们

第九章　跟阿根廷第一夫人克里斯蒂娜·费尔南德斯·基什内尔学自信

能够使父母顺心、丈夫放心、子女开心，每周她们都能计划好一个家庭的开支用度活动，经常带给家人一些惊喜，以使自己的家庭幸福美满；经营爱情，她们绝对是成功男人背后的女人，默默的支持，温柔的关心，体贴的安慰，都使在外奋战的男人感到前所未有的放松，继而更加信任她们，爱护她们；经营友情，她们是最好的良友，会在朋友最需要的时候出现，用自信的微笑扫去友人脸上的阴霾，用柔柔的话语化解友人心中的苦闷。

自信的女人，不一定是天姿国色，也不一定是闭月羞花，甚至可能相貌平平，但是，因为那份自信，她们瞬间便变得光彩耀人，变得淡雅高贵，因而，无论在哪个场合，她们都是最耀眼的焦点，而且永远不会因为容颜的衰老而失去自己的魅力。

自信，不同于自负。自负的女人，或者容貌出众，或者才华杰出，或者家财万贯，或者权倾一时；而自信的女人，可能一无所有。然而，这两者的区别却又如此明显。自负的女人总是目空一切，高高凌驾于众人之上，仗着自己的优势，不肯轻易向凡间俗物略微点头，给人一种望而生畏的感觉。而自信的女人，因为自信而多了些平和，多了些宽容，多了些礼貌，多了些和颜悦色，因而，众人眼中的她，易于交谈，也易于接近，因而人们愿意亲近她。

自信的女人，拥有的东西不一定很多，但是，她却拥有一份富可敌国的财富——自信，这是一份永远不为外人夺取、永远属于她自己的财富，笼罩在她身上，成为她最美丽的魅力。

2.真正的自信闪耀着睿智之光

克里斯蒂娜个性张扬,喜好激烈地与人争辩,具有彻头彻尾的叛逆精神。在梅内姆政府时期,克里斯蒂娜因激烈地反对政府成名,而接下来她积极参与对梅内姆政府涉嫌洗钱和向国外转移银行资金等的法律调查,为她赢得了很高的政治声誉。

虽然30年政治生涯的洗礼已经使克里斯蒂娜的性格渐趋沉静成熟,棱角也被她掩藏得严严实实,不再为世人所见,但是身为参议员的克里斯蒂娜在议会上仍然斗志昂扬,面对议会里其他议员的不同政见,她从不退缩。也许很多职业女性会说,克里斯蒂娜很有勇气,敢于在复杂的政治场中作斗争,但这所有的一切都源于她肯定自己的自信。因为自信,所以勇敢;因为自信,所以勇往直前。

这个时代总是充斥着物欲的身影和浮躁的气息,自信在不经意间就成了一种奢侈。时下所谓的自信,多流于无知的轻率或任性的固执,或目空一切,或刚愎自用,或一意孤行。人们把目光短浅的狂妄叫作自信,却不在意其盲目;人们把阻言塞听的自负叫作自信,却不在意其狭隘;人们把掩耳盗铃的鲁莽叫作自信,却不在意其愚昧。自信仿佛成了点缀个性的奢侈之品,体现性格的装饰之物。而真正的自信是一种睿智,是胸有成竹的镇静,是虚怀若谷的坦荡,是游刃有余的从容,是处乱不惊的凛然。

一个墨西哥女人和丈夫、孩子一起移民美国,当他们抵达德州边界的艾尔巴索城的时候,她的丈夫却不告而别,留下束手无策的她和两个嗷嗷待哺的孩子。22岁的她带着不懂事的孩子,饥寒交迫。虽然口袋里只剩

第九章　跟阿根廷第一夫人克里斯蒂娜·费尔南德斯·基什内尔学自信

下几块钱,她还是毅然地买下车票前往加州。在那里,她给一家墨西哥餐馆打工,从大半夜做到早晨6点钟,收入只有区区的几块钱。然而她省吃俭用,努力储蓄,希望能有一份属于自己的事业。

后来,她要自己开一家墨西哥小吃店,专卖墨西哥肉饼。有一天,她拿着辛苦攒下来的一笔钱,跑到银行向经理申请贷款,她说:"我想买下一间房子,经营墨西哥小吃。如果你肯借给我几千块钱,那么我的愿望就能够实现。"一个陌生的外国女人,没有财产抵押,没有担保人,她自己也不知能否成功。但幸运的是,银行家佩服她的胆识,决定冒险资助。

15年以后,这家小吃店扩展成为全美最大的墨西哥食品批发店。

她就是拉梦娜·巴努宜洛斯,后来还曾担任过美国财政部部长。

这是一个平凡女人的自信带来的成功。自信使她白手起家寻求生路;自信给了她战胜厄运的勇气和胆量;自信也给她带来了聪明和智慧。自信与胆量密切相关,自信可以产生勇气,勇气同样也可以产生自信,而缺乏胆量或过分的自我批判则会削弱自信。

自信是成功人生的最初的驱动力,是人生的一种积极的态度和向上的激情。同是享用一盘水果,有的人喜欢从最小最坏的吃起,把希望放在下一颗,感觉吃过的每一颗都是盘里最坏的,这盘水果就彻头彻尾成了一盘坏水果了。相反,有的人喜欢从最好最大的吃起,那么吃下去的每一颗都是盘里的最好的,美好的感觉就可以维持到最后。这是一种奇妙的非逻辑性的感觉,充满心理错觉和心理暗示。

自信与自卑,也是如此。主动与被动仅一字之差,但生命情调却如同吃这盘水果,神情感觉悬隔万里。

同是阴雨天气,自信的人在灵魂上打开一扇天窗,让阳光洒在心里,由内而外透射出来,神采奕奕,精力充沛,温暖得让你感觉得到。自卑的人却在灵魂上打了一排小孔,让阴雨渗进去,潮湿的霉气散发出来,她站在阴暗的边缘,不仔细看都看不出来。

同是看一个人,看一个比自己优秀的人。自信的人懂得欣赏,并在欣赏的过程中充实自己,相信"我可以更好";自卑的人萌生嫉妒,并在嫉妒的过程中不断丑化对方,让自己相信"原来我看错了"。

自信不是"初生牛犊不怕虎"的意气,也不是搬弄教条经验的冥顽。自信不是孤芳自赏,不是夜郎自大,也不是毫无根据的自以为是和盲目乐观。真正的自信者,必有深谋远虑的周详,有当机立断的魄力,有坚定不移的矢志,有雍容大度的豁达。它蕴含在果决刚毅的眉宇之间,是夸父追日,生生不息的精神;它潜藏在宽阔博大的襟怀之中,是高瞻远瞩,胸怀全局的气度;它浮现在力挽狂澜的气势之上,是审时度势,取舍自如的魄力。

乐观的态度、自信的人生,是充实而又富有的,是另一种别样的财富,这种财富只有拥有了乐观自信的人才会拥有它。自信的魅力在于它永远闪耀着睿智之光,是一种有着智慧、勇气、毅力支撑的强大的人格力量。

3.自信女人的九大特征

自命不凡的人很容易遇到,但要做到真正的自信就困难得多了。请记住,自信不是虚张声势,狂妄自大,在公共场合伪装勇敢。自信也不是对着别人傲慢,或者大胆的妄自尊大。

自信是安静的,自信是能力、专业知识和自重自爱的自然表现。从克里斯蒂娜身上,我们发现自信的女人都拥有一些共同的特质。

第九章　跟阿根廷第一夫人克里斯蒂娜·费尔南德斯·基什内尔学自信

(1)她们有立场并不是因为她们觉得自己永远是对的,而是因为她们并不害怕犯错误

自大和自负的人往往会选择一个位置,然后大喊大叫着昭告天下,全然不理会不同的意见或观点。她们知道自己是对的——而且她们想要(事实上,她们需要)你也知道。她们的行为不是自信的标志,而是一种智力上的恃强凌弱。

真正自信的人是不介意被证明犯了错的。她们认为弄清楚什么是正确的比一贯正确重要多了。而且当她们犯了错误,她们会放心大胆地放弃自己的错误观点,表现得非常有风度。真正自信的人通常会承认她们犯了错误,或者承认自己不知道所有的答案。

(2)她们听的要比说的多十倍

吹牛是缺乏安全感的表现,有自信的人一般都很安静而且不事张扬。她们已经知道自己的想法,她们想要了解的是你的想法。所以,她们会问一些开放性的问题,给其他人深思熟虑的自由。她们会问你做什么,你是怎么做的,你喜欢它的什么,你从中学到了什么;她们还会问你如果她们发现自己处于类似的处境之中,应该怎么做。

真正自信的人意识到她们知道很多,但她们希望知道的更多,而她们知道、了解更多的唯一方式就是多听。

(3)她们躲避着聚光灯,这样聚光灯就能照耀着别人

也许她们真的做了大部分的工作,也许她们真的克服了主要的障碍,也许她们真的把完全不同的人团结在一起,形成了令人难以置信的高绩效团队。但她们不在乎——至少她们没有表现出在乎的样子。内心里,她们很自豪,她们也应该感到自豪。

真正自信的人不需要虚名,她们知道自己已经取得了什么样的成就;真正自信的人不需要其他人的认可,因为真正的认可来自于自己的内心。所以,她们退居幕后,通过其他人来庆祝自己的成就,让其他人领受这份荣耀——

这是一个提振自信心的好方法,能够帮助其他人也变成真正自信的人。

(4)她们能够坦然地向其他人寻求帮助

很多人觉得寻求帮助是一种软弱的表现,是一种暗示自己缺乏知识、技能或者经验的行为。然而自信的人拥有足够多的安全感,她们敢于承认自己的弱点,因此她们经常寻求他人的帮助。这其实不仅仅是因为她们拥有足够的安全感,这些安全感让她们可以承认自己需要旁人的帮助,更是因为她们知道,当自己寻求他人帮助的时候,就是在给对方以极大的赞美。

一句"你能帮帮我吗?"可以显示出对对方专业知识和判断力的极大尊重,否则,你就不会这样说。

(5)她们认为:"为什么不是我?"

很多人觉得她们必须等待:被提拔、被雇佣、被选择、被挑选——就像是老式的好莱坞的陈词滥调,等着被以某种方式发现。

真正自信的人都知道,路无处不在。她们几乎可以通过社交媒体和任何人建立联系(你认识的每一个人都认识一些你应该认识的人)。她们知道如何才能够吸引自己的资金,创造自己的产品,建立自己的关系网,选择自己的道路——她们可以按照自己的意愿选择自己想走的路,而且非常安静,并不要求旁人注意自己,她们站出来就去做。

(6)她们不会贬低其他人

一般来说,喜欢八卦的人和喜欢说别人坏话的人之所以这样做,是因为她们希望通过对比让自己看起来更好。而真正自信的人唯一会比较的人就是昨天的自己,以及她想要有一天能够成为的那个人。

(7)她们并不害怕自己看起来显得很傻

穿着内衣跑来跑去肯定是一种极端行为,但是当你真正感到自信时,你便不会介意偶尔没有做到最好的自己。而且,奇怪的是,人们往往会因此更加尊重你——而不是更不尊重你。

第九章　跟阿根廷第一夫人克里斯蒂娜·费尔南德斯·基什内尔学自信

(8)她们会承担自己的过错

不安全感往往滋生矫揉造作；自信孕育了真诚和诚实。这就是为什么说真正自信的人会承认自己的错误。她们承担了犯错的名声，不在意将自己犯下的错误当成是警示旁人的故事，不在意成为别人取笑的对象——被旁人以及被她们自己拿来说笑。

当你真正自信的时候，你不会介意偶尔的"看起来糟糕。"因为你知道如果你是真诚而谦逊的，人们是不会嘲笑你的。

(9)她们只寻求真正重要的人的认同

你在推特上有一万名粉丝？不错。在Facebook（社交网站）上有两万名好友？很酷。有一个数百甚至数千专业人数构成的人脉网？这很伟大。但这都比不上赢得几个在你生活中真正重要的人的信任和尊重重要。

当你赢得了他们的信任和尊重后，无论你走到哪里，无论你尝试做什么，你都会真的有自信，因为你知道，那些真正重要的人会真的在你身后支持你。

4.坦然接受不那么完美的自己

坦然接受不那么完美的自己，对于女人来说实在是太难了。克里斯蒂娜虽然在国内外的政治舞台上叱咤风云、自信满满，但她对于自己的形象实在太苛刻了些。

据悉，在克里斯蒂娜宣布竞选总统之后，她几乎每天都要换一双鞋，一天至少要换4套衣服。不但如此，她出席不同的活动还要化不同的妆。

魅力　第一夫人教你的品位课

每次出席记者招待会,她总是穿着搭配得当的服饰。因此,人们还送她一个"化妆女王"的称号。

至于克里斯蒂娜到底有多少双鞋,也被阿根廷人戏称为"国家机密"。在阿根廷有句流行语,当人们遇到一件事很难办的时候,就会说"还不如去数总统的鞋子"。

尽管追求时尚能增添总统的亲和力,但凡事也要有度。克里斯蒂娜就经常因为着装打扮延误政事,甚至在拍首脑会议集体照的时候频频迟到。

此前,还有媒体爆料称,克里斯蒂娜是典型的购物狂,尤其钟爱购买名牌箱包和鞋子,甚至疯狂到光是路易·威登的皮包就可以装满整个房间。由于生活中的克里斯蒂娜过于注重外表,还有人把她叫作"阿根廷的伊梅尔达"。她的政治对手甚至称她为"肉毒杆菌女王",讽刺她为了美不顾一切。在这方面,女人们万万要引以为戒。要说克里斯蒂娜对自己完美形象的苛求是为了国家形象,我们尚可理解,而克里斯蒂娜迷人自信的形象也确实成了阿根廷人的骄傲。但是,对于不那么位高权重的女人们来说,如果你并不需要天天生活在聚光灯下,不会天天出现在各大电视台新闻媒体上,那么,苛求完美就成了最大的不完美。

你有没有过这样的感受?清晨,当你站在镜子前面,仔细端详着自己的脸庞,一会儿觉得自己的眼睛小了一点,一会儿又觉得鼻子不够挺拔,脸上的毛孔太过粗大,甚至还长了几颗小痘痘,你觉得自己的脸庞不够小巧,嘴唇不够性感,身材不够迷人……于是你开始抱怨,抱怨父母为什么没把你生成一个美人儿,对自己的不满意使你感到有些沮丧,于是你新的一天以此为开端,怎么快乐得起来呢?

人之所以感到不开心,其中一个关键原因就是他们并不喜欢自己,包括不喜欢自己的容貌,这种不喜欢通常是在和别人的比较中得到的。自己长了一张圆脸,偏偏想要瓜子脸;自己的身材丰满,偏偏想要苗条的身

第九章　跟阿根廷第一夫人克里斯蒂娜·费尔南德斯·基什内尔学自信

段；自己长了一张小嘴，却偏偏喜欢朱莉亚·罗伯茨那样性感的大嘴……在这样的比较中，又怎么可能获取满足呢？

容貌与生俱来，从呱呱坠地便成定局。接受这人生的第一个定数，是你快乐的第一个根基。接受并喜爱自己的容貌，这对相貌俊美之人并非难事，而对姿色中等却又对自身要求严苛的人来说，便是需要攻克的一道心理障碍。

首先，要冲破电影、电视和时尚杂志施加给你的无形压力和错误的引导。

化妆师的技艺、灯光师的技巧、摄影师的捕捉、后期的电脑技术，是你所看到的很多"美好"的幕后制造者。而女明星、女模特为了拍摄出最好的效果来，甚至会在拍照的前两三天就不进主食了，只吃一些流质食物或者水果。《泰坦尼克号》女主角的扮演者凯特·温斯莱特就说过："我们的头发经过专业发型师长达两个多小时的细心打理，我们必须一直屏气收腹，并且使头保持在某个高度和角度上，这样一来，我们下巴上的赘肉和皱纹就不易显露出来了。"

可怜的年轻女孩们通过电视屏幕看到了她们，购买有她们照片的杂志，心里想着："和她们比起来自己真是糟透了，我真想看起来和她们一样。"其实，像她们一样又有何难，找一个专业的团队为你打造一下，你也可以如此。

其次，你要学会对自己宽容，把视线放在自己的优点上，以此建立你的自信。一个自信的却不那么美的女人也一样可以活得潇洒、快乐。

每一个女人都可以通过化妆、穿衣、发型等方式把自己打扮得更有气质，这个世界上本来就没有十全十美的人，每一个人在外貌方面，都有着其独特的气质和优点，只要学会将自己的优势凸显出来，就会成为自己的亮点，自然也就有一份独特的吸引力。一个聪明的女人应该懂得欣赏自己，接受自己的容貌，停止再拿自己的外貌与别人做比较。

魅力　第一夫人教你的品位课

大家可能都知道著名的模特吕燕,按照中国人传统的审美观点来看,她毫无疑问是个丑女:小眼睛、柳叶眉、大颧骨、塌鼻梁、厚嘴唇、满脸雀斑,一米七八的身材,微驼背。然而,这个在山沟长大的女孩,现在已是国际名模,定居纽约,一年要在巴黎、米兰、伦敦等各大时尚之都进出好几次,走不尽的T台,上完一个又一个的杂志封面,还有各式各样的产品代言。曾经的吕燕,对于自己的容貌也相当地不自信。一次偶然的机会,中国著名形象设计人李东田和冯海发现她长得虽不美但很有特点,于是为她拍了一组照片,从此一发不可收拾。2000年世界超模大赛爆出大冷门,在人们眼里绝对没有获奖可能的"丑女"吕燕荣登亚军宝座。而在这之前,中国模特儿在这一大赛上的最好名次是第四名。

在东方人眼中的"丑女",在国际顶尖设计师的眼中却惊艳无比。独具慧眼发掘吕燕的中国顶尖时尚造型师李东田说:"我第一眼看见她,就有震撼的感觉,她的面孔很少见,特别国际化,不同凡响,尤其是她身上透出的那种同龄女孩少有的自信和坚忍,让人一看就知道这是个supermodel(超级名模)的料。"

世上根本没有丑女人,只有不自信的女人,每个女人都有自己容貌上的特点,而这个特点可能就会变成你的标志。世界上不存在任何完美的事情,如果一个中等姿色的女人总是因为羡慕别人的美貌而对自己过于挑剔,那么她就无法获得快乐。其实,在一个人眼中的丑女可能就是另一个人眼中的美女,不自信的女人总是对自己妄自菲薄,而一个自信的女人却真心地喜欢自己的容貌,并能够快乐地和他人交往,并从中获得幸福,你愿意做哪种女人呢?

第九章　跟阿根廷第一夫人克里斯蒂娜·费尔南德斯·基什内尔学自信

5.提高自信心，做最优秀的自己

有这么一个国度，那里有着湛蓝的天、纯白的云和金色的太阳，那里的探戈和足球令人沉醉、沸腾，蓝白条的足球服曾经赢得了世界球迷的欢呼，马拉多纳、梅西这些让人疯狂的名字也与它相连，这个国度就是阿根廷。然而在这个国度还有着另一位让人忽视不得、注定沐浴在镁光灯下的女性——克里斯蒂娜·费尔南德斯·基升内尔。

关于克里斯蒂娜有着太多的赞美和非议，作为阿根廷历史上首位民选女总统，她的人生写满了传奇。从"第一夫人"到进驻总统府玫瑰宫，爱穿鲜艳裙子、日日更换鞋款、迷人的举止成为了她的标签。克里斯蒂娜甚至曾被称为"阿根廷的希拉里"，作为总统的夫人，也同样有着过人的理政能力。

然而克里斯蒂娜虽热心妇权不甘当政治花瓶，却又与世界政坛的许多女强人不一般。她有属于自己的铁腕执政风格，只是没有用黑白灰限定了自己的"风采"，而是从衣着形象上打造出自己作为女人迷人的一面，"阿根廷玫瑰"的称号也可窥得这位女总统与众不同的个性追求。永远做自己，这是克里斯蒂娜的座右铭。

克里斯蒂娜用自己的经历告诉我们，把眼光盯住别人不放，以别人的方向为方向，总难超越别人。要想有成就，就得自己开路，而你所开的路是你自己的理想、见解与方式，是你所独有的。

1888年，法国巴黎科学院发起关于"刚体绕固定点旋转"问题的有奖征文活动，征文条件规定：应征论文的作者除提供论文外，还必须附一条格言。一篇附有"说自己知道的话，干自己应干的事，做自己想做的人"格

魅力　第一夫人教你的品位课

言的论文,被一致认为科学价值最高。这篇论文出自38岁的俄国女数学家苏菲·柯瓦列夫斯卡娅之手。

　　柯瓦列夫斯卡娅实现了自己的格言"做自己想做的人"。在妇女处于被压迫、被奴役的悲惨地位的19世纪,她成了走进法国巴黎科学院大门的第一个女性,成为数学史上的第一个女教授。

　　美国有一位极令人敬佩的年轻女士,名叫罗莎·帕克斯。1955年的某一天,罗莎在亚拉巴马州蒙哥马利市搭乘公车,理直气壮地不按该州法律规定让位给一位白人。她的这个不服从的举动造成轩然大波,招来白人强烈的抨击,然而却也成为其他黑人效法的榜样,掀起了随后的民权运动,使美国人民的良知普遍觉醒,为平等、机会和正义重新界定出不分种族、信仰和性别的法律。罗莎·帕克斯当时拒绝让位,可曾想过自己会遭遇什么样的后果?她是否有什么能够改变现有社会结构的高明计划?我们不知道,然而我们相信,她对这个社会抱有更高期许的决定,促使她采取这种大胆的行动。谁能想到这个弱女子的决定,会给后人带来如此深远的影响?

　　美国著名作家马克·吐温的著作《汤姆·索亚历险记》中的主人公汤姆,他的那段惊险刺激的童年人生,他的那份敢于向传统礼教挑战的勇气,令无数读者折服。他的人生正是我们每个人所向往却永远都不敢付诸行动的。

　　汤姆生活在一个宗教思想浓厚的小镇。他们将背圣诗、做礼拜、上主日学校视为最崇高神圣的事,而汤姆却对这些厌恶至极。他会逃学去游泳,与别人打架,将全镇最虔诚的斯普拉牧师说得一文不值。但当这个调皮捣蛋的小鬼出现在我们眼前时,我们内心深处却涌动了一股蠢蠢欲动的热情,那是一股兼羡慕与赞叹于一体的热情。因为汤姆的行为唤起了我们埋藏在心底的自由的渴望,但我们却没有勇气去冲破礼教束缚,这

第九章　跟阿根廷第一夫人克里斯蒂娜·费尔南德斯·基什内尔学自信

都源于我们对别人眼光的重视,一味地想当别人眼中的能人而丧失了自己的思想。

汤姆因揭露印北安人乔杀人嫁祸波特的事实而成为全镇的英雄,人人称赞。汤姆这样做难道只是为了得到别人的赞赏?面对杀人不眨眼的亡命之徒和乐善好施的波特,一面是一条人命,另一面也是一条人命,而且有危及自己性命的可能。作为一个小孩子,他仍然毫不犹豫地选择了真理,这种勇气是难以用任何言语赞美的。

正如首先推出"日心说"的哥白尼,在宗教信仰盛行的情况下,毅然推翻了统治者们推崇的"地心说",将真理公布于世,在这场用生命作赌注的必输的赌博游戏中,他输得伟大,输得壮美,坚定与勇气造就了他的伟大,世界也因伟大而先进发达。

作为知识时代的建设者,作为一批站在巨人肩膀上的新人类,我们更应该有灵活的思维和独到的见解,勇于发展创新,标新立异,勇于向腐朽的旧思想挑战,将真理放飞于广阔无垠的天际。

人生只属于自己,一味地遵循他人的思想,不敢面对真理是懦弱的表现,这样的人生是一种悲哀,我们应该成为主宰自己命运的人。那么,要成为一位魅力女人,该如何提高自信心呢?

(1)关注自己的优点

在纸上列下十个优点,不论是哪方面(细心、眼睛好看等都可以,多多益善)。在从事各种活动时,想想这些优点,并告诉自己我有什么优点。这样有助你提升从事这些活动的自信,这叫作"自信的蔓延效应"。这一方法对提升自信效果很好。

(2)树立自信的外部形象

首先,保持整洁、得体的仪表,有利于增强一个人的自信;其次,举止自信,如行路时目视前方等,刚开始可能不习惯,但过一段时间后就会有发自内心的自信;另外,注意锻炼、保持健美的体形对增强自信也很有帮助。

(3)如果你缺乏成就感,就很难将自己视为"对其他人有贡献且具生产力的人"

定下最后期限鼓舞自己,在每天下班时完成电话报告,并设置合理的时间限制,规划后续的电话或邮件往来,列出每日应完成的事并做好记号,完成的越多压力就越小。

(4)检查自己的感觉

搜索导致情绪低落的原因,然后用主动积极的方法去解决问题,比如可以就近询问旁人解决这类问题的方法,不要做一个被动的情绪受害者。

(5)工作常要面临许多的高低起伏,压力和挫折会毁了一个人的自信

此时,想一想遇过的最困难的工作情形和当时你想要促成的决心,透过持续力,你才能期待进步,也许成功就在附近。

(6)认同自己的工作,把热爱这份工作的心理因素列出来

如果你觉得这份工作是世界上最棒的工作之一,挫折就会变得不那么重要了。享受工作的喜悦、客户的赞美、同事和上司的鼓励。

(7)做好充分准备

从事某项活动前如果能做好充分准备,那么在从事这项活动时,必然较为自信,而且还有利于顺利完成活动并增强整体自信心。

(8)冒一次险

当你做了以前不敢做的事以后,你会发现:原来做这事并没有什么了不起,这对提升自信心很有帮助。

此外,公众演说也是增强自信的方法,在增进自信的同时,也应增进倾听技巧,如听一些能激发潜能的录音带。自信是成功的第一要诀,有志于成才、成功的人请培养你的自信。

第九章　跟阿根廷第一夫人克里斯蒂娜·费尔南德斯·基什内尔学自信

6.相信自己,你就是自己的圣人

早在丈夫基什内尔作为正义党候选人之一竞选2003年至2007年阿根廷总统时,时任参议员的克里斯蒂娜就发表声明"不做贝隆夫人"。在基什内尔顺利胜出之时,克里斯蒂娜又一次声明:"我不是第一夫人,而是第一号女公民。"

2003年5月25日,在国会举行的新总统就职仪式上,克里斯蒂娜没有遵照常规礼仪以"第一夫人"的身份与丈夫基什内尔一起出现在主席台上,而是选择了在台下议员席中就座。克里斯蒂娜坐在离丈夫仅有3米远的正中席位,平静地注视着丈夫与前任总统交接绶带和权杖。她既没有像媒体预言的那样热泪盈眶,也没有像其他基什内尔拥护者一样狂热地鼓掌,甚至连摆在眼前的总统就职演说词都没有翻动一下。

此后,克里斯蒂娜一直在"第一夫人"和参议员两个身份之间寻找平衡。外界很快就意识到,她已经成为"玫瑰宫"重要的幕后力量,不是靠枕边风来影响总统,而是直接坐在总统的小会议室里,出席最高层的决策讨论。她对媒体表示说:"我并不想和任何人比较。其实没有什么人比你自己更好。"

作为女人,最应该对自己说的一句话就是:"做自己的圣人。"因为只有自己才是自己的圣人,遇到困难,遇到险境没有人可以帮你,你只能靠你自己。女人要活出自己的尊严,活出自己的自信,活出自己的精彩。

一个乞丐来到一个庭院,向女主人乞讨。这个乞丐很可怜,他的右手连同整条手臂断掉了,空空的袖子随风晃荡着,让人看了很难过,不管是谁碰上,都会施舍一些,可是女主人毫不客气地指着门前的一堆砖对乞丐说:"你帮我把这砖搬到屋后去吧。"

乞丐生气地说:"我只有一只手,你还忍心叫我搬砖,不愿给就不给,何必捉弄人呢?"

女主人并不生气,俯身搬起砖来。她故意用一只手搬了一趟,说:"你看,并不是非要两只手才能干活。我能干,你为什么不能干呢?"

乞丐怔住了,他用异样的眼光看着妇人,尖突的喉结像一枚橄榄上下滑动了两下,终于,他俯下身子,用他那唯一的一只手搬起砖来。一次只能搬两块,他整整搬了四个小时,才把砖搬完。他累得气喘如牛,脸上有很多灰尘,几绺乱发被汗水濡湿了,歪贴在额头上。

妇人递给乞丐一条雪白的毛巾,乞丐接过去,很仔细地把脸和脖子擦了一遍,白毛巾变成了黑毛巾。

妇人又递给乞丐20元钱,乞丐接过钱,感激地说了声:"谢谢你。"

妇人说:"你不用谢我,这是你自己凭力气挣的工钱啊!"

乞丐说:"我不会忘记你的,这条毛巾留给我作个纪念吧。"说完深深地鞠了一躬,就上路了。

过了很多天,又有一个乞丐来这里乞讨,那妇人又让他把之前那个乞丐搬到屋后的砖搬到屋前去,可乞丐却以身体有残疾,不能劳动为由,拒绝了妇人的要求,不屑地走开了。

妇人的孩子不解地问母亲:"上次你让那乞丐把砖从屋前搬到屋后,为何这次你又让这人搬到屋前呢?"

母亲对他说:"砖放在屋前屋后都一样,可搬与不搬对他们却不一样。"

若干年后,一个很体面的人来到这个庭院,这个人西装革履,气度不凡,美中不足的是,他只有一只手。只见这人俯下身,对坐在院中的已有些老态的女主人说:"如果没有你,我还是个乞丐,可现在我成了公司的董事长。"

第九章　跟阿根廷第一夫人克里斯蒂娜·费尔南德斯·基什内尔学自信

老妇人只是淡淡地对他说:"这是你自己干出来的。"

依赖别人如同乞讨,这种习惯会消磨你的斗志,是阻止你走向成功的绊脚石,因此,要想成大事,你必须把它们一一踢开。

对于成大事者而言,拒绝依赖他人是对自己能力的一大考验。这就是说,依附于别人是肯定不行的,这是把命运交给了别人,而失去做大事的主动权。然而有些女人一遇到什么事,首先想到的是求人帮助;有些女人不管是有事没事,总喜欢跟在别人身后,以为别人能帮她解决一切疑难。这样的女人在生活中随处可见,她们就是有依赖心理的人。

一个完全健康的人的特征之一就是充分的自主性和独立性。每个人的一生都是自己的,走怎样的路都只能由自己决定,从没有什么圣人、高人可以帮你,你就是你自己的圣人。

7.把握机会,充分施展自己的才华

1982年,英国与阿根廷因马尔维纳斯群岛主权之争而爆发大规模军事冲突,阿根廷战败,军政府倒台,国家重归民主政治轨道。基什内尔心中的政治之火重新燃起,随即投身竞选活动。

1991年,他成功当选圣克鲁斯省省长。克里斯蒂娜的政治生涯几乎是与丈夫同时起步和发展的。1989年,她竞选获胜,出任省议员。事实上,这让克里斯蒂娜先丈夫一步,成为阿根廷的全国性政治人物。1995年,她角逐国会参议员获胜,两年后又成为国会众议员。

魅力　第一夫人教你的品位课

　　克里斯蒂娜的政治潜质令国会同僚刮目相看。她聪敏机智，言语犀利，做起事来巾帼不让须眉。在圣克鲁斯省，她打击反对派时攻势之凌厉，让部下噤若寒蝉，因此落下了"女巫"之名。在参议院，她的作风同样泼辣，使诸多男议员甘拜下风。

　　在丈夫出任阿根廷总统之后，依靠总统丈夫的支持她抓住机会成了阿根廷的女总统。"当一位深受民众拥戴的总统，在民意测验表明他能保住总统宝座的情况下放弃连任机会，提名妻子参加大选，你除了惊愕于爱情的力量之外，别无选择。"有媒体将基什内尔和克里斯蒂娜的换位，归因于爱情。但当她依靠自己的才华取得第二次总统连任时，她得到了全世界的肯定。

　　我们生活中的每时每刻无不充满了机会。你的每一堂课都是一次改造思想的机会；每一次考试都是一次检验自我的机会；每一篇发表在报纸上的报道都是一次自我完善的机会；每一次商业买卖都是一次走向成功的机会；每一次人际交往都是一次展示你的优雅与礼貌、果断与勇气的机会，是一次表现你诚实品质的机会，同时也是一次结交朋友的机会。

　　"物竞天择，适者生存。"如果你能利用一切机会，充分施展自己的才华，那么这个机会所能给予的东西要远远大于它本身。

　　有智慧、有眼光的自信女人能够从琐碎的小事中发掘出机会，而目光狭窄的女人却轻易地让机会像时间一样从眼前飞过。有的人在其有生之年处处都在寻找机会，就像千里马找伯乐一样，一直在寻找一个展示自我、提升自我的平台。但对于有心成功的女人而言，每一个她们遇到的人，每一天她们生活的场景，都是一个机会，都会在她们的知识宝库里增添一些有用的知识，都会给她们的个人能力注入新鲜的血液成分。

　　伟大的成功和不俗的业绩，永远属于那些有准备的人，而不是那些一味等待机会的人。年轻女性更应牢记，良好的机会完全要由自己创造。如果以为个人发展的机会在别的地方，是别的什么因素，那么你一定会在

第九章　跟阿根廷第一夫人克里斯蒂娜·费尔南德斯·基什内尔学自信

机会面前碰得鼻青脸肿，面目全非。机会其实包含在你良好的素养、学识的积累、进取的身影之中。

失败的女人喜欢说，自己之所以失败是因为天时不时，地利不利，人和不和，因此好位置就只好让别人捷足先登，等不到她们去竞争。有意志的女人决不会找这样的借口，她们不是在等待机会，而是靠自己苦干努力去创造机会。她们深知，唯有自己才能给自己创造机会。而一旦有了机会，她们也绝不会放弃磨炼自己、完善自己的阶梯。正是顺着这些阶梯，她们才一步步走向理想之巅。

成功是没有秘诀的，如果一定要说有的话，那应该就是立即行动起来。天上是不会掉馅饼的，只有行动起来，你才会发现异样的景色，才会发现原来的景色是那样单调与乏味，才会发现更五彩斑斓的地方其实并不遥远。

许多女性做事都比较缜密，一件事非等筹划到自己认为万无一失后，才开始行动，刚刚踏入社会的年轻女性尤其是这样。其实，人算不如天算，所谓的周密计划往往会使你错失良机。

不管是生活中还是工作中的目标，并非都是"生死攸关"的。事实上，又有多少事坏于拖拉迟疑。许多女人一开始行动，步子尚未迈出，就想到消极的一面，想到失败，这种恐惧心理削弱了她们的自信，限制了她们的潜能，束缚了她们的手脚，使她们遇事不敢轻举妄动，从而失去机会，流于平庸。

刚踏入社会的女人经常会说："这样贸然行事，无法达到最好。"其实，人根本就无法达到最好，但通过实际行动却可以做到更好。只有行动，才会发现自己的不足，积累弥补不足的经验，也只有行动才能使人进步。因此，最踏实的做法就是大胆向前，想做什么就去做，继而去实现自己所向往的目标，完善自我或完善生活的目标。只要向着你的目标大胆地行动起来，生活就会走上正轨并使自己创造奇迹。

当然,在行动中学习,付学费在所难免,就像学走路,你总不能因为害怕摔跤而不去学习走路吧。为此,每个成功人士都要敢于尝试、敢于冒险、敢于做前人未做过的事。其实,尝试、错误、尝试、错误……再尝试直至成功,这正是学习和进步的唯一途径。

只要行动起来,就有了希望,成功没有捷径。有的女人成功了,只因为她比我们行动的更早、犯的错误更多、遭受的失败更多。"没有行动的地方,就绝对没有成功。"停止行动之日,便是完全失败之时。

无论是爱情、事业,还是家庭,得不到的和失去的并不是最好的和最重要的,珍惜和把握眼前的才是最重要的。自信的女人,赶快行动起来吧!把握每一个稍纵即逝的机会,人生的成功便由此而铸就。

8.精彩一生,不做他的"附属品"

田彤在大学很出风头,人长得标致,成绩也出类拔萃,还担任过学生会主席,追求她的男生足有"一打"。最终,一个优秀的男孩掳获了她的芳心。毕业后,她和男友都想考研,但双方家庭均无法提供任何帮助。几番犹豫后,男友的一句话让她决定放弃深造:"咱们结婚吧,我需要你,将来我的一切都是你的。"

田彤把自己的梦想寄托在丈夫身上,找了份工作赚钱养家。4年后,他们的孩子出生了,丈夫想趁年轻再进一步,于是她再一次做出牺牲,全心全意支持丈夫读到博士后。为了让丈夫免除后顾之忧,她抚养孩子,照顾老人,承担了所有家务。因为家庭牵扯精力太多,她自己的工作一直没有

第九章　跟阿根廷第一夫人克里斯蒂娜·费尔南德斯·基什内尔学自信

起色。

不幸的是，还没体会到"妻以夫荣"，田彤就先尝到了被背叛的滋味。原来，丈夫毕业后进入一家大型跨国公司，很快便和一个年轻时尚的同事在一起了。他对田彤的评价居然是："没有共同语言，整天就知道眼皮底下的一点小事，层次太低，像个家庭妇女。"

田彤欲哭无泪，她痛苦的是因为丈夫每句话说得都是对的，但所有人都可以这样说，唯独他不能。正是为了他，本来前途光明的自己才放弃理想和抱负，成了一个碌碌无为的家庭主妇。她的牺牲因为丈夫的负心变得毫无意义，惨痛的教训使田彤明白了一个道理：为别人而活，终究活不出自己想要的未来。

人生应该有许多支点，把生命的重量全部放在爱情、婚姻或家庭中，是十分危险的投资方式。因为一旦丈夫终止"合作"，你最多只能得到经济上的赔偿。但这并不是你的初衷，你所期望的荣誉、信念被毁掉了，你的青春岁月再也回不来了，还有什么比这更令女人难受的呢？但事业、工作、爱好则不同，你付出了时间、精力，它们就会赋予你信心、能力、财富和乐趣。有了信心，未来才能被你掌握；有了能力，任何人也拿不走；有了财富，它可以换取更多自由及社会的尊重。

在这一点上，克里斯蒂娜绝对是每一个女人应该学习的榜样。结婚后，克里斯蒂娜的政治生涯几乎是与丈夫同时起步和发展的，夫妻俩相互扶持共同登上了事业与人生的巅峰。

许多中国女人都把丈夫的人生当成了自己的，似乎结了婚之后，双脚就不再走自己的路，而是每一步都踩在丈夫的脚印里。丈夫说什么，自己就信什么；丈夫追求什么，自己就需要什么。她们失去了独立行动的精神、独立思考的能力，将自己人生方向的舵交到丈夫手里。如果碰上负责任、有担待的男人，那么倒也是一桩美事。但是有的女性却没有那么幸运，如果她们不幸遇到了不可依靠的男人，命运就换了个方向。因此，痴

魅力 第一夫人教你的品位课

情女被冷落、被抛弃的悲剧才接连不断地上演。

那女人是不是成名了,或者赚到钱了,就实现了自我价值呢?我想不一定,这个要看她自己的内在价值,也就是她自己的价值观、认知和文化理念。

国民党名誉主席连战的夫人连方瑀跟连战先生结婚之后生育了四个儿女。她自己虽然在美国拿到了硕士学位,但是她嫁到了连家(连家是台湾的一个望族)后,回了台湾,丈夫从政,她自己再也没有到外面工作过,专心抚养教育四个孩子。她甘愿以丈夫和孩子为重,自己为其次,完成一个做妻子、做母亲的责任。这样的女士,你觉得她到底有没有自我呢?我觉得她有!

几年前,连方瑀跟着丈夫连战一起到祖国大陆来访问。每到一个地方,人们都要请连战题词题字。连方瑀从小跟着外祖父读了很多诗词,所以她可以出口成章,帮丈夫解围。她常常能从常态的旅途叙述中拔身而出,联想到与眼前景物有关的历史和诗文。

连方瑀访问祖国大陆期间,不仅她高雅的风度与气质吸引了大陆姐妹,而且她带领观看者跨越了脑海里存在已久的两岸的意识障碍。

回到台湾之后,连方瑀写了一本书,叫《半个世纪的相逢》,记录这次两岸的和平之旅。这本书体现了她丰富的学识和内在的涵养。虽然她没有自己的事业,但她从没间断过写作的爱好。在过去的20年里,她在台湾出版了四本随笔集。也就是说,她有自我,她不仅为儿女、为丈夫而活,也活出了自己的精彩!

"男主外,女主内"一直是中国乃至世界(如日本、德国都是著名的用男人薪水养活全家的国家)传统婚姻沿用的模式。但在美国,随着越来越多的女子跻身高薪队伍,"男主内,女主外"的模式悄然流行。据统计,在

第九章　跟阿根廷第一夫人克里斯蒂娜·费尔南德斯·基什内尔学自信

美国双职工家庭中,妻子收入比丈夫高的占30%以上;妻子是家庭主要经济来源的占11%。在这样的家庭中,再坚持"男主外,女主内"的传统模式,既不可能,也不合理,更不合算。

今天的女人要尊重性别的差异,遵循女性的特质,调整自己努力的方向,顺应世界潮流和当前的发展趋势,趁势而上,逐步完善自己。在追求个人独立和家庭责任间不偏颇,才是现代女性的理性选择。婚姻不是支撑女性走在幸福路上的最坚实的拐杖,也不是让女人过着快乐生活的唯一支柱。

第十章

跟日本前第一夫人
鸠山幸学灵性

日本前第一夫人鸠山幸美丽而善于持家，同时也是一个外向而充满活力的人，她认为自己一直都"充满好奇心"，喜欢尝试新鲜事物。鸠山幸性格外向，兴趣广泛，喜欢腌制蔬菜、制作彩绘玻璃、陶艺以及缝纫。

在鸠山由纪夫做日本首相期间，他的官方网站上还专门开辟出了鸠山幸专栏，介绍她如何做饭、养育孩子、追求人生乐趣等亲民话题。韩国《朝鲜日报》称鸠山幸是日本所有家庭主妇的偶像，每个女性都希望能照搬她的生活方式。

以往大多数日本政治家夫人都表现得温和、保守，但鸠山幸却是个例外。她热情奔放，法新社以"生活方式设计师"评价曾经是一名演员的鸠山幸。鸠山幸是丈夫的形象设计师，为他打理发型、搭配穿着。她频频现身电视访谈节目，探讨精神生活和政治话题。她还撰写菜谱，其中包括介绍美国夏威夷岛民长寿食谱的《精神食品》。

鸠山幸无疑颠覆了首相夫人一本正经的传统，在美国《时代》周刊评选的十大最"另类第一配偶"榜单上，鸠山幸名列榜首。但鸠山

第十章　跟日本前第一夫人鸠山幸学灵性

> 由纪夫把妻子比作自己生活的奠基石,他如此评价自己的妻子:"和她在一起,感觉我的生活都充满阳光。她的快乐,也感染了我。她做饭很棒,每天回到家,我就感觉很安心。"
>
> 如此有灵性的女子,恰恰击中了男人心底深处对浪漫的渴望。与女人们所认为的不同,绝大多数男人不会把魅力的"瓷娃娃"作为自己配偶的首选。有灵性的女子可能不是最漂亮的、身材最棒的,可她们最擅长打动人心。在漫长的婚姻里,有灵性的女子不是最温柔大方、最八面玲珑的,但她们可以让生活多姿多彩、情趣横生。
>
> 学习做一个有灵性的女人,是通往幸福生活的捷径。

1.颠覆认知,有趣的女人更受欢迎

　　媒体称鸠山幸是日本历史上少有的"五彩斑斓的第一夫人"。她精通园艺厨艺,自制彩绘玻璃,虽然年近七十,但扭起腰摆起姿势来,可爱程度不逊日本流行舞团的少女。在日本政坛,政客太太们在人前大多扮演着温顺又保守的角色,不过,鸠山幸不在此列。她用自己的演艺事业,打造出属于自己的光环。过去,在电视综艺节目里,你会见到她;在舞台上,你会见到她。银幕里的她,从政治到心灵生活,无所不谈。鸠山赢得大选一役中,她是重要"资产"。她的笑容,她的快语,为丈夫赢得不少分数。在首相丈夫眼中,鸠山幸绝对称得上是一位"贤内助":她不但是他的"御用

魅力 第一夫人教你的品位课

厨师",还帮他打理发型、搭配穿着。鸠山由纪夫将妻子比作自己政治生涯的"奠基石",他说:"每次回到家,都感到特别放松。她就像是个能源供应基地,总能让我充满能量。"

有趣的女人通常是充满激情、活力四射的女人,跟她们在一起从不会缺少欢声笑语,即便生活有不顺心的地方,也总会被她们轻松幽默的淡化掉。她们就像生活中的磁力场,让人不由自主的聚集在她们身边。通常有不少的女人常常认为只有外貌好的女人对男人才有吸引力,事实却并非如此,大多数的男人都更喜欢和有趣的女人交往。他们喜欢用一种平等的眼光看待女人,也喜欢动用他们的智力,以一种有趣的方式跟女人们较量。

那么,你是一个精彩的女人吗?

有人采访李银河,说起当年嫁给王小波的事,李银河说:"嫁给他是因为他有趣,人生如此短暂,有趣是多重要的事啊。"这话说得非常好,有趣在生活中比房子、车子、票子更重要。

《超级访问》的男主持人戴军在谈到他的搭档李静时讲了下面一番话:"她选择做一个有趣的女人。做个有趣的女人会让身边的男人如沐春风。""如沐春风",这个词用得好,这种感觉不是随便一个女人就能带来的,甚至它跟美貌、学识、教养都无关,只是有趣。

戴军讲了这样一件事用来佐证。

有一天,李静在家里相夫教女,她看着电视上日日都在PK(挑战、竞争)的节目,觉得实在无聊,就对她先生说:"我们也在家里PK一下吧。"她先生疑惑地看着她。

李静说:"我们在客厅里放个箱子,然后问女儿,你喜欢爸爸还是喜欢妈妈?输了的那个就拉着箱子哭着说,'虽然我被PK掉了,虽然我要离开这个家,但是,我还是要对你们说,我爱你们。'然后就走出门去。"

第十章　跟日本前第一夫人鸠山幸学灵性

她先生冷静地看着李静,一分钟后说了一句:"神经病!"

我相信,没人在的时候,她先生一定会偷着乐,他娶了个多么好玩的太太,可以让一个平淡的午后变得如此有趣。

在日复一日的忙碌中,我们的生活好像变得苍白起来,也不知从什么时候开始,我们竟然变得无趣,没什么理想,没什么激情,只是随遇而安。想一想,自己多久没有兴致勃勃地去晨练了?多久没有去图书馆看书了?又有多久没有静静地听场音乐会,没有看场电影,没有学点新东西了?……每天就是上班、下班、回家,能燃起激情的事情好像越来越少。你有没有问问自己,这就是你想要的生活吗?你的初衷是要这样无趣地生活吗?

看看我们的周围,无数的人在忙碌着,在追名逐利,可她们却常常忽略了自身的精彩。我认识的一个女人,刚刚三十出头,就已经是一个重要部门的负责人了。她在工作上非常能干,常常一身职业装英姿飒爽地出现在大家的面前,永远是那么沉着和冷静。她也有一个和睦的家庭,尽管工作非常忙碌,她还是有能力把自己家里的方方面面安排得井井有条,甚至亲戚的迎来送往,也做得无可挑剔。她在事业、家庭方面都很成功,是一个让其他女人都很羡慕的女人。可是,别人都觉得她做得很好,能力很强,面面俱到,却从来不觉得她是一个精彩的女人。和她见面之后,都是寒暄几句后,就不知道该聊些什么话题。

我们身边总有一些这样的女人,她们完美的让人无可挑剔,是名副其实的好女人,可是我们却从来不觉得她们是精彩的女人。

一个精彩、有趣的女人,在我看来,是有广泛的见识的,虽然对很多东西不见得精通,但是无论和她说起什么,她都会有所涉猎,而且有自己的一番见解。和她聊天,你会觉得有趣,并且总是能够找到共同的话题。她应该乐于尝试新鲜事物,并且热爱运动,从她的身上你总能感觉到一种朝气蓬勃的力量和积极向上的生活态度；她会安排好自己的生活，她也总是会让自己的生活不那么一成不变，总有一点小新奇，你会好奇她怎么那么厉害，什么都懂得又总能让自己的生活精彩纷呈。她可以是老师、学生、商人、公司职员、记者、出租车司机或任何职业，这个女人独特的经历造就着她丰富的知识层面。每次你和她在一起的时候，都能得到一些新的想法。也许是你和她截然相反的观点能碰撞出一些火花，也许是被她的幽默启发出了那么一点儿灵感。

当我们和这样的女人待在一起时，我们不会觉得烦闷无趣，她们总是能发现平常生活中的一些小情趣、小感动。在我看来，这样的女人是聪明的，是有智慧的，即使姿色再平常，她们也会给周围的人带来快乐，也会让自己的生活更丰富。我也相信，尽管她们不够漂亮，也一定有很多男人被她们吸引。

有些女人常常抱怨生活无趣，了然无味，也常常羡慕别的女人怎么有那么好的际遇，可以过着有趣丰富的生活。她们羡慕甚至忌妒着别人的生活，却永远不去思考自己为何会生活得如此无趣。这些女人，只要能够领悟到生活无趣的根源是自身的问题，那么她们的生活状态就一定可以得到提升。

有一些女人总觉得有趣离自己很遥远，其实谁都可以成为一个有趣的精彩的女人，只要她肯多花点心思在自己身上，并且把所想的付诸行动，就可以得到一个全新的自己。

做一个有趣的女人，将会有很多人喜欢你。而这些能让你变得有趣的东西，是需要静下心来慢慢积累的。所以，不如放下没有艳绝天下的自卑感，做一个妙趣倾城的女人。

第十章　跟日本前第一夫人鸠山幸学灵性

2.无论何时,记得回家做个"小女人"

在接受《南方周末》的采访时,鸠山幸说:"各家有各家成就幸福的方式。我家的方法,主要是回应先生一句:'好的。'比如说,当我自己在忙什么事情的时候,先生说请帮我拿一下那个东西之类的,即使自己也忙得不可开交,还是会立刻放下手中做的事,说一声'好',以他为先,先为他服务。"问问自己,有多少人能在老公需要的时候回一句"好的"呢?

现在的女性意识崛起,时刻不忘谨记自己对家庭的贡献,不忘自己在职场上的强势,在面对另一半时,会在不知不觉中争取自己的女权地位。可是,你知道吗?在老公面前,你永远只是老婆,而不是经理或者董事。反过来说,回到家后的老公,不是别人,也没有一串串的头衔,他只是你的老公而已。

"大女人"是精明能干的女强人,驰骋商场,呼风唤雨,在工作上出类拔萃,即使感情受到挫折,也以最自信的姿态展现在众人的面前;"小女人"能力有限,每天正点上下班,接孩子,给老公做饭,休息时间操持家务。

现在出现了越来越多的"大女人"——她们和男人一样在事业上打拼,独立、精明、大气而且能干,无论是手段还是气势,都丝毫不输给男人。她们不仅位居高职,拿着不菲的薪水,而且颇受领导赏识,我们称这些女人为女强人。她们完全打破了传统的"男主外,女主内"的传统观念,仿佛要和男人争那另外半边天,尽管在事业上许多男人不得不佩服她们的机智和作风,但是很少有男人愿意找一个这样的女人做伴侣,他们无法忍受一个比自己还强的女人,那会让他们感觉不到自己被需要。

魅力　第一夫人教你的品位课

但是,综合现在的社会情况看,居家的女人越来越少。一个女人可以在单位里对下属横眉冷目,但在家里依然是妻子,是母亲,既然如此,那就没有必要用"将军命令士兵"般的口气和你的丈夫说话。我们建议现代女性有自己的事业,有自己的社交圈子,有自己的天空,但是如何让自己的地位转换得到平衡,是对男人的尊重,也是作为妻子应该尽到的责任。

维多利亚女王在一次和她的丈夫发生矛盾之后,丈夫生气闭门不出。
女王来敲门,丈夫问:"你是谁?"
女王理直气壮地回答:"英国女王。"屋里没有声音。
女王又敲门,声音平和了一些:"我是维多利亚。"里面仍是悄然无声。
最后女王柔情地说:"亲爱的,开门,我是你的妻子。"

当你下班回到家里的时候,何必还要摆出高姿态来让自己受累呢?依偎在丈夫的身边,做个"小女人"又有谁会笑话呢?让你的丈夫感受一下可以被依靠,满足他保护你的大男人的心理,又何尝不好呢?

其实做个"小女人"也是件很幸福的事情,你可以有很多幻想,可以活得轻松浪漫,可以为自己的偷懒找出多个理由,可以聪明地装糊涂,也可以体贴入微地照顾别人,感受一下关爱别人的快乐,甚至可以撒娇地让别人来照顾你。这个时候的你是妻子,是你爱人的宝贝,而不是严厉的经理,你的爱人更不是你的下属。

许多"大女人"其实并不是真的就想做个"大女人",每个女人骨子里都有一份"小女人"情怀,只是她们的生活环境和方式以及现在的地位不允许她有丝毫松懈,只能上紧发条不停地做。

做个"大女人"实际上是痛苦的,不要看她们表面上看似风光无限,内心的苦楚只有自己知道。这个社会终究还是男人的社会,女人的社会地位再高,也没办法赢得整片天空。而且女人天生心思细腻、敏感,即使作

第十章　跟日本前第一夫人鸠山幸学灵性

风强悍也仍然不能改变柔弱的承受能力。女人天生是需要被保护的动物，无论从心理还是生理上来说，她们都不适合过于繁重的劳动。

上帝在创造男人和女人的时候早已经分配好了他们的职责。那些体力劳动和辛苦的工作就交给男人去做吧！女人只要看守好自己的这片后方净土，同时做一些自己喜欢做的事情便可。如果因为生活而你不得不和男人一样辛苦，那么请学会自我调节，让自己不要那么强悍，也许你成功的机会会更大。如果你已经成功了，那就好好维护你的爱情和家庭，别让自己太累，别让你的丈夫感觉到家里缺少了应有的"女人味"，或者让你的孩子缺少"母爱"，不要把家当成你的办公室，那样你才会事业、爱情双丰收！

3.女人可以不漂亮，但不能没情趣

鸠山幸被媒体评选为史上最"雷"第一夫人，很多日本人都对她很不满，但是慢慢地大家发现，这位第一夫人不仅见多识广，而且甚为可爱，她和任何人都能谈笑风生。鸠山幸常有出人意料之举，比如她把从夏威夷购买的咖啡包装袋做成裙子，并穿着它参加电视节目。她时而搞怪又率直的言论为传统上沉稳庄重的首相夫人形象增添了一点新意。

鸠山幸还将她的生活随笔结集成书出版，另外，她还撰写了《鸠山家的爱情饭菜》《欢迎到鸠山家来》等书，为读者提供饮食、衣着和家庭装饰等方面的建议。尽管年逾六旬，她却一直满怀好奇，喜欢尝试新鲜事物，闲时喜欢腌制蔬菜、制作彩绘玻璃、陶艺以及缝纫。她还在鸠山由纪夫的

魅力 第一夫人教你的品位课

官网上开辟专栏，介绍自己的居家生活情趣。

鸠山幸热衷于担任丈夫的形象设计师，为他打理发型、搭配穿着。鸠山幸与丈夫在家中从不讨论政治，但是在竞选活动期间，她每天都会为丈夫做足底按摩。她曾为丈夫选择的一条金色条纹领带被鸠山由纪夫认为是"幸运领带"。

难怪结婚数十年后，鸠山由纪夫还赞美道："她是我的太阳，永远都那么快乐。"有这样一位有情趣的妻子，哪个男人不为之骄傲呢？

有情趣的女人有时也会任性，发点小脾气。但是，事情过后她会马上忘记，不会太计较发生过的事，也不会把过去发生的一些不快乐的事情翻出来数落。她会用心经营自己，把自己美好的形象展现在男人的面前，使生活过得更快乐、充实、美好。

要保持婚姻中的甜蜜与激情，经常多点有趣的事情才行，看看下面几项你做到了吗？

(1)保持美好的形象

那些穿旧的、过时的、但是"最爱的"衬衫是否已经被挂了若干年？凌乱不堪、老旧过时的装扮最能降低夫妻之间的亲密感受。请盘好你的头发，而不是"随便潦草了事"，或者花费时间去照顾你的头发，让你在他面前光彩照人。丢掉那些奶奶时代的东西，少女时代的短衬裤，换上对于你的丈夫有吸引力的性感内衣。在意自己的身体，减掉多余的赘肉，这不仅增进你的健康，还能增加你的能量和性感指数。

(2)亲密的身体接触

每一天，从拥抱和亲吻你的伴侣开始。分享一杯咖啡或者茶，紧握彼此的手。坐在一起收看电视早间新闻的时候，别忘了把你的手放在他的膝盖上。温柔地观察伴侣的脸，轻声对他说："我爱你。"身体接触对于营造浪漫的家庭气氛很重要，所以，当你下班回家后，记得要拥抱和亲吻你的爱人，并且继续耳鬓厮磨下去，哪怕整个晚上。

第十章　跟日本前第一夫人鸠山幸学灵性

(3)留意他的需要

仔细地关注他想要购买某物的微妙流露或者表达，买下来送给他，给他一个惊喜。如果你的丈夫看起来想要给工具箱新添一件工具，或者十分想要某种特殊的新机件，那就花点时间去买给他，当作一件"没有特殊理由"的小礼物。密切注意关于生日、假期、周年纪念日的送礼点子，把你的主意写下来以免忘记，精心挑选一件爱人真正想要的礼物。

老公有没有提到一个他很想参加的会议或者体育赛事？买票，然后两人一起去。又或者你的爱人喜不喜欢去工艺展览、博物馆、艺术节或者游乐场？那还等什么，买票，陪他去吧！你经常听到爱人哼唱、吹口哨，调子是不是收音机里他喜欢的那支？那就弄清楚那个艺术家是谁，买他的CD(激光唱片)，当然里面要包括这首曲子。

(4)沟通很重要

白天工作时抽空给他打个电话或者发条信息，告诉他你在想着他。不要在这个时候讲一些抱怨别人、法律纠纷、账务关系等方面的事情。中午时分，给爱人发去略微调皮的信息，趁着孩子还在睡觉，淘气地计划一下关于你俩的打算。向你的朋友、家人、合作者夸耀你是多么的幸运，找到了这样出色、深爱并且相互支持的伴侣。在爱人面前说起自己伙伴们的好评总是甜蜜万分，注意你伴侣的脸颊，他一定变得明朗生动，因为你在别人面前说了他的好话。

爱人们总是抱怨他们没有足够的时间用来沟通，照顾孩子，开一开玩笑，做家务，付账单……如果孩子们没有规律的睡觉时间，那么制订一个。在合适的时间送孩子们上床睡觉，让父母可以从纷繁的工作生活事务中暂时解脱出来，静下神来想想自己的事、爱人的事。

(5)编织浪漫气氛

在家中尽可能营造和平浪漫的良好氛围。关掉电视机，让进餐时间变

227

得平和安静,不要抱怨,更不要指责孩子让你心烦,或者"宝贝承诺清单"还没有完成。留够足量的香味蜡烛以使家里香气四溢,打开优美动听的音乐,调暗灯光。保持家里干净清洁,把小玩具收拢归置,这样当爱人没回家时,他不会想到你一整天都在做这些事情。你会擦洗地板、打扫卫生间,尽管这些都不会被刚刚结束长途旅行、带着玩具礼物回到家门的他注意到。

从现在开始,做个有情趣的女人吧!给生活涂上色彩,使生活变得五彩缤纷,让劳碌奔波的男人回到一个温馨的家,拥有一份轻松快乐的心情。男人们会从这些情趣中感觉到幸福,他们会觉得,女人有了情趣会更加美丽动人。

4.七个小秘诀让女人学会撒娇

"每次一起吃饭以后,我的先生不管多忙,都会戴上橡皮手套把盘子等餐具洗好。我们家里就是这样分工的,做饭的人不负责洗餐具,洗餐具的人不负责做饭。要是从头干到尾多不好呀。"当鸠山幸充满幸福地向周刊《AEAR》(日本周刊)透露这段"家事"时,那撒娇的口吻如此明显,而鸠山由纪夫对妻子的宠爱也显而易见,这也让许多日本人,尤其是女性着迷于鸠山幸与她丈夫的关系。在一个倾向于将工作和家庭分开、男性和女性都在自己社交圈子交往的社会,他们夫妇几乎所有时间都在一起,这给人们留下了深刻的印象。一份报纸曾经做过计算,在鸠山由纪夫担任首相后的前13次在外就餐中,有8次都有鸠山幸参加,其中还包括4次

第十章　跟日本前第一夫人鸠山幸学灵性

与内阁成员一起吃饭的场合。

在男人的眼里,会撒娇的女人是最有魅力、最迷人的。再坚强勇敢的男人在女人的娇声嗲气中都会感到手足无措,骨头酥软,把所有的英雄气概丢得一干二净。女人只要把娇气软绵绵地撒在男人身上,哪怕要男人上刀山下火海,男人也会心甘情愿地为其献身。

有这样两个女孩子,一个很漂亮但面无表情,不苟言笑;另一个相貌平平但笑口常开,温存娇气。如果让男人来选择,那聪明的男人一定会选择后者。会撒娇的女人比那些腼腆内向、自视清高的女孩子更能打动男人的心,也更深得周围人的喜爱。其实道理很简单,因为男人最懂得感情的重要性,再成熟的男人都需要关爱与照顾,他们天生就有对母性的依赖性。所以男人也最好哄、最好骗,只要女人对他多关心一点,多温柔一些,他就会乖乖地主动把心肝掏出来。

粉面桃花,喁喁低语,是多么令人心动啊!撒娇是女人的独门秘籍。几乎所有的女人都会撒娇。但是撒娇应有分寸,还要注意场合。有的女性十分任性、爱发脾气,遇到一点不顺心的事,就大吵大闹、哭哭啼啼,确切地说,这不叫撒娇,这叫专横刁蛮、不讲道理,因此难免会使男性产生厌恶之感。不但得不到男人的宠爱,反而会让男人对你敬而远之。那么,女人撒娇应注意些什么呢?

(1)众目睽睽之下别撒娇

对自己喜欢的男人撒娇,是爱人私底下的情趣,当然不怕尴尬。若是不怕肉麻的话,在众目睽睽下打情骂俏撒撒娇也未尝不可。但是如果你们一同出席公共场合,特别是比较重要的聚会等,在这些地方所碰到的主要是和男人有公事关系的人,例如上司、生意伙伴等。此时此刻,男人需要的不是一个不懂事的小女人,而是一个端庄拿得出手的女伴。试想想,当男人和上司谈话时,女人突然走过来,抱住自己娇嗲地说句话,相信没有一个男人会觉得这样撒娇是可爱,反而会觉得可恶。所以,记得在如此场合,撒娇只会令人觉得你不识大体。

(2)撒娇也要看时机

公共场合不适宜撒娇,但是在你们的二人世界中,也要懂得看对方心情是否适合撒娇。当一个人心情不好时,脾气会比较暴躁,明明是一些小事,他们也会有很大反应,可能一句普普通通的话也能引起他们的怒意。

如果男人睡眠不足,精神欠佳,或正专心思考重要事情时,女人最好识趣一点,不要打扰他。事实上,虽然撒娇是女性的武器之一,但在不适当的时候撒娇只会惹来厌烦。

(3)甜蜜女人要掌握正确的撒娇方法

正所谓物极必反,凡事不要做得太过,这绝对是做人处世的至理名言,撒娇也一样。聪明女人会撒娇,动作不大,难度不大,只要稍微学学,你就可以在男人眼中魅力无限,光彩照人。

(4)耍小心眼

这是把双刃剑,不用会显得你不投入,没心没肺,缺乏"临战气氛"。用得过多,则会容易让人烦。那该怎么办呢?最保险的做法是生气之后,及时化阴为晴,最好像夏天的天气,小孩子的脸一样,为一寸的忧愁而忧愁,也为一厘的快乐而快乐。

(5)给他起外号

给他起有创意、好玩的外号,然后富有爱意地唤他。但是千万不要有讽刺意味,这样会刺痛对方的短处。

(6)有分寸地不讲理

吵架一定要赢,然后往败将嘴里塞一个棒棒糖,以示慰问。

(7)赖在他怀里

在电影院里、在郊外小路上、在空旷广场边,懒懒地赖在他怀里。这是一种很温暖的接近,也是温柔的信任。

其实,向男人撒娇,无非想让他用行动或言语来重视自己,如果他已

第十章　跟日本前第一夫人鸠山幸学灵性

有所表示,那你应该见好即收。要知道,得些好意须回手,若取得了甜头后还不懂得收手,还要继续撒娇,一两次还可以讨好男人,但不知进退的话,只会令男人认为你难满足。

所以,最有效的撒娇就是懂得收放自如。撒娇太少,男人觉得女人没情趣;撒娇太多,又会令他渐渐麻木,失去感觉,在适当的情况下跟自己心爱的人撒撒娇,给心爱的人带来豪情和自信,也为夫妻之间增添情趣。

5.十大妙招,让婚姻更有激情

人生最美好的事情应该是:爱情温馨,婚姻成功,夫妻恩爱,家庭美满,身心健康,生活充实。结了婚的人都渴望自己婚姻幸福,而幸福的婚姻在于经营,在于我们如何把激情带进婚姻。

我们都希望激情能频繁地光临,并唤起婚姻生活中的更多热情,那么该采取哪些可行的方式呢？烛光、红酒、羊排、鲜花、丝袜、香氛、巧克力、音乐、碟片、红唇,这些都不错,但显然还不够。

(1)从另一个角度去了解对方

当你从另一个角度去看待对方时,你们的感情会因此有所增长。你们可以一起去做健身,让对方看到你另外一面。你们也可以一起去跳舞,"嘲笑"对方的舞姿。这些都可以给对方不一样的新鲜感。

(2)做个小叛逆

高中时,我们经常拿着高跟鞋偷偷溜出去,害怕被抓住的心情给了我们很多的刺激感和兴奋。那么现在,你也可以把这种感觉找回来。如果下次你和爱人一起去看电影,你可以躲在电影院的最后一排,让对方找你。或者天气晴朗的时候,你们可以一起出去游玩,拍一些搞笑的相片,感觉双方都回到了小时候毫无顾忌的时刻。做个小叛逆,也会是一个很不错的选择。

(3)一起尝试一些刺激的活动,"吓吓自己"

医学专家告诉我们,人体对外界事物害怕而引起的反应和性行为一样可以给人带来快乐的感觉。这就是为什么很多人喜欢玩高速滑雪。我们在特定的环境下,可以从害怕感中获取快感。

当你和你的爱人一起去"冒险"时,你们会感觉双方是手牵手一起克服困难的。有相关经历的一位女士告诉我们,她很少和爱人一起去滑雪。有一次他们决定一起感受其中滑雪的刺激感,她说:"虽然这是我玩过的最危险的活动,却是我们俩最难忘的记忆。"

(4)一起毫无目的地旅游

刚开始新的恋爱,一切都像冒险,你永远不会知道下一秒会发生什么事情,或者你们的将来是什么也无从得知。那么现在,你们可以在周末的时候,花上一两天时间,一起毫无目的地旅游。不需要计划什么,也不需要决定在哪里停下。这样你会感觉像是去探险,好像回到你们刚刚开始谈恋爱的时光,一种神秘刺激的感觉又回来了。

(5)经常做一些打赌游戏

当你们一起独处时,你们可以玩一些扑克游戏,谁输了可以让其接受小惩罚。或者你们也可以一起看球赛,如果你选的队伍赢了,你可以让对方帮你做些家务等。这些都可以使你们的恋爱更加刺激,你们的感情也会在其过程中得到提升。

(6)网络传情

随着科学技术的发展,网络时代的出现,我们发现很多爱侣之间却缺少了通过网络传情的心态了。他沉迷于电脑游戏,而你在忙于弄博客。其

第十章　跟日本前第一夫人鸠山幸学灵性

实,通过网络,我们可以做一些平时不会去做的事情。如你可以给对方发邮件,告诉对方你多爱他等,这对增加感情会起到很大的作用。

(7)性爱对于夫妻也很重要

性是一种可以促进婚姻的催化剂。研究表明,性爱对婚姻的各个方面都有所帮助。增加做爱次数,也是可以让婚姻重新获得刺激的方法之一。有位女性说,她和丈夫的做爱次数增多后,她发现他们的婚姻生活变得更加的有激情了。她说:"有时候,他会自觉地去做家务或者早上起来主动给你泡咖啡。"可见,性爱对于夫妻是很重要的。

(8)分享一个秘密

亲密度和刺激感是相关联的。这就是为什么一段恋爱的开始,在相互了解的过程中总是那么刺激。彼此约定告诉对方一个自己的秘密,这样我们既会觉得刺激,又可以增加我们的感情。这些秘密可以是很小的事情,但是这样的形式确是很不错的。

(9)重现第一次约会的场景

你的第一次约会一定充满了神秘感,对方傻傻的眼神,你们接吻的方式和紧张的心情,这些也许你到现在都还历历在目。重现第一次约会的情景,你一定会获得很多意想不到的快乐。在那天约会,你可以用同样的香水,摆出和第一次约会一样傻傻的表情。

(10)学会"引诱"对方

事先为对方准备好一些活动,会让你们的恋爱更加充满激情。你可以找机会在对方没下班的时候,偷偷在门上贴上一张"我爱你"的字条,然后在室内布置好蜡烛,播放对方喜欢的音乐……这些都可以使对方对你死心塌地。

6.爱自己,做个"享乐主义者"

除了操持由民主党籍议员夫人组成的"伴侣之会"外,鸠山幸还以多才多艺而著称,她厨艺高超,出过多本厨艺方面的著作。鸠山幸在接受采访时表示,自己是一个好奇心特别强的人,"我是个什么都想尝试的人。现在我最大的理想就是成为一名制片人。"既做好了丈夫的"贤内助",又能拥有自己多姿多彩的生活,这不正是很多女人都梦寐以求的状态吗?

21世纪,女人的生活方式正在被悄悄改写:已婚的女人不再是只束缚在厨房,养儿育女,让青春悄悄流失,而是根据自己的渴求及希望,量身定做属于自己的享乐方式,最重要的是,她们再也不需要因享乐而感到罪恶。不管你同不同意,享乐都已经是现代女人必备的新美德之一了。

享乐不该是遥不可及的梦想,它应该是唾手可得的快乐。享乐和价钱的多寡无关,更重要的是兴致和心情。生活本身就不是件易事,何不让自己随时随地处于享乐的心情呢!

包希尔·戴尔是一位眼睛几乎失明的不幸女人,但她的生活却并不像我们所想象的那样糟糕。因为她始终坚信,不论是谁,只要他来到了这个世界上就是合理的。用她的话说,她相信命运,但是她更相信快乐。因为她自己就是一个即便在厨房的洗碗槽里也能寻求到快乐的人。

包希尔·戴尔的眼睛处在几近失明状态很长时间了。她在自己所写的《我要看》一书中写道:"我只有一只眼睛,而且还被严重的外伤遮住,仅仅在眼睛的左方留有一个小孔,所以每当我要看书的时候,我必

第十章　跟日本前第一夫人鸠山幸学灵性

须把书拿起来靠在脸上,并且用力扭转我的眼珠从左方的洞孔向外看。"但是,她拒绝别人的同情,也不希望别人认为她与一般人有什么不一样。

当包希尔·戴尔还是一个小孩子的时候,她想要和其他的小孩子一起玩踢石子的游戏,但她因为眼睛看不到地上所画的标记,而无法加入他们。于是,她就等到其他的小孩子都回家了之后,趴在他们玩耍的场地上,沿着地上所画的标记,用她的眼睛贴着它们看,并且把场地上所有相关的事物都默记在心里。不久之后,她就变成踢石子游戏的高手了。

包希尔·戴尔一般是在家里读书的,首先,她先将书本拿去放大影印之后,再用手将它们拿到眼睛前面,并且几乎是贴到她的眼睛的距离,以至于她的睫毛都碰到了书本。就是在这种情况下,她还获得了两个学位,一个是明尼苏达大学的美术学士,另一个是哥伦比亚大学的美术硕士。

1943年,包希尔·戴尔已经52岁了,就在那个时候发生了奇迹。她在一家诊所做了一次眼部手术,这次手术使她的眼睛能够看到比原先所能看到的足足远了40倍的距离。尤其是当她在厨房做事的时候,她发现即使是在洗碗槽内清洗碗碟,也会有令人心情激荡的情景出现。她继续写道:"当我在洗碗的时候,我一面洗一面玩弄着白色绒毛似的肥皂水,我用手在里面搅动,然后捧起一堆细小的肥皂泡泡,把它们拿得高高地对着光看,在那些小小的泡泡里面,我看到了鲜艳夺目、好似彩虹般的光彩。"

当她从洗碗槽上方的窗户向外看的时候,包希尔·戴尔还看到了一群灰黑色的麻雀,正在下着大雪的空中飞翔。她发现自己在观赏肥皂泡泡与麻雀时的心情是那么的愉快与忘我。因此,她在书的结语中写道:"我轻声地对自己说,亲爱的上帝,我们的天父,感谢你,非常非常的感谢你!"让我们来感谢上帝的恩赐,因为它使你能够洗碗碟,使你得以看到

魅力 第一夫人教你的品位课

泡泡中的小彩虹以及在风雪中飞翔的麻雀。

也许,你我都应该为自己感到羞耻,因为在我们已度过的日子里,我们一直生活在一个美好的乐园中,但我们却好像是盲人一样,没有去好好地欣赏它,也没有好好地去享受它。

如果我们想要不再忧虑,好好地生活的话,就要按照下面所说的方式去做,那就是要常去想一些美好的事物,例如,买一瓶香水,用芬芳宠爱自己;来个纯香沐浴,享受沐浴的快感;卡个别致的发夹在发前,放纵一点小贪欲;或是练瑜伽功、跳健身操;或是赤脚走在鹅卵石的台阶上,享受细碎砂石爱抚、摩搓脚底的感觉;周末的黄昏,挽着另一半出门,找家菜好气氛佳的餐厅大啖美食;约上知己朋友,去酒吧,听音乐、品醇美的红酒;走到网络,把心情变成优美的文字……

其时,享乐的方式还有很多,个个多彩多姿,只看你如何选择了。但只要你选择了,你的心情就会奇迹般地回升,第二天又会是一个全新的开始。

比如周末的时候,约上三五个好友去登山,驾车远离郊区,天高气爽,心情也会格外舒畅。一周工作后,人已经很疲劳,但回到大自然,和好友谈笑风生。或者索性一不做二不休,脱掉高跟鞋,把鞋拿在手上爬山,虽惹人注目,但其中的惬意自在你心中。

再比如享受网络乐趣。曾几何时,随着网络的普及,聊天可以让你的打字速度突飞猛进,享受敲落键时盘流飞语的快感。网恋其实是一种比友情深一点,比现实爱情又浅一点的纯感情性的东西,如果理智地聊天,确切地说这种网恋应该是恋网才对。所以大可不必担心会误入歧途。如果觉得聊天没有意思,还可以到论坛看帖,众多的帖子可能会让你看得眼花缭乱,但你总能找到自己感兴趣的。你也可以尝试着去跟在后边发表建议,或许还能在网络中找到在现实中无法找到的默契。网络里谁也

第十章　跟日本前第一夫人鸠山幸学灵性

不认识谁,却可以选择适合自己口味的帖跟帖。一来二去,其中乐趣不言而喻。

所以,作为女人,作为一个现代化生活下的女人,做一个活在当下的"享乐主义者"是不困难的,只看你有没有这份情趣,有没有这份心境了。享乐是女人的特权,千万不要让其浪费。

7.拥有孩子气、童心不泯的女人不会老

鸠山幸相信自己许多年前曾经乘坐UFO(俗称飞碟)到访过金星。"当我的肉身入睡后,我感觉自己的灵魂乘坐上了一艘三角形的外星飞船飞往金星。那里非常美丽,到处都是绿色。"她还向人们传授了她的能量秘诀——吃太阳。"当太阳升起来时,我就会吃太阳……我会撕下一片太阳,然后吃掉。"鸠山幸随即做出凌空一抓,然后像抓住什么东西似的往嘴里放,"吃"得啧啧有声。在面对童心未泯的鸠山幸时,很少有人能够保持一本正经的严肃表情,人们总是忍不住跟着她快乐地放飞想象。除了可爱的孩子,还有谁能拥有这么天马行空的想象力,这么欢乐无限呢?而这个时候,你很难把鸠山幸跟六七十岁的老婆婆联系在一起,因为她是那么可爱。

想要当一个可爱的女人,童心是必不可少的要件之一。

或许你已经是个身居高职的女CEO(首席执行官),或许你早已经为人母,青春不再,但无论怎样,请尽量保持一颗童心,哪怕这点童心已经被身份、责任,或者是其他太多的东西压制、遮蔽,而成为你性格中很少

的一部分。因为一个女人只有童心闪现的时候,才是她最真实、最具魅力的时刻,而她也会因为这颗孩子般的纯真、善良和带着梦想的心,为自己带来很多学历、地位、金钱所不可及的幸福感。

真正的童心不是矫揉造作的"天真"。童心是生活的一种态度,是生命的一种境界,是对自我的无条件悦纳和关爱,是对生活、对世界的欣赏和热爱。保留一份童心,即使女人步履蹒跚、朱颜已改,也依然会有洞察世界的清澈眼睛,有发自内心灿烂的笑容。下面就一起来看看女人的这些可爱瞬间吧。

(1) 自由的心灵让女人悦纳自我

我们习惯了成人世界的条条框框,但这也为我们的心灵上了枷锁,我们的潜意识会告诉我们什么是对错,但也许事实并非如此。有时候,我们喜欢自己,是因为别人称赞自己;我们对自己不满,是因为自己的行为违反了规矩。我们的心灵因为成人世界而变得不再自由。

心灵受到约束的女人很可能不能自如地表达自我。孩子们遇到开心的事情会笑,遇到悲伤的事情会哭。他们不会去介意周围世界的反应,他们只是在表达自己的情绪。相反,成人的世界就不一样,你可能渴望被别人理解,但你却不能自如地表达自己的情感。你会有很多顾虑,你心里想的是我"应该"怎么做,而不是我"愿意"怎样表达。

因此,向孩子们学习,在适当的时候为心灵打开枷锁,像孩子一样认同自己、喜欢自己、欣赏自己,从而快乐自己。

(2) 欣赏的情怀让女人接纳他人

孩子的心灵是宽广的,他们从不先入为主地对谁心怀芥蒂,也不会苛求自己和别人。而在成人的眼里,每个人呈现的形态就不一样了。成人总是难免戴着有色眼镜看待周围的人,容易因为一个人的某一个优点就全盘接受对方,也会因为一个细微的缺点而全然否定对方。女人是敏感的动物,对人的感受尤其如此。出于自我保护,我们很容易怀着一颗戒备之

第十章 跟日本前第一夫人鸠山幸学灵性

心,戴上伪装的面具去与别人交往。这样可能会错失了与人真诚面对的机会。

(3)好奇的眼睛让女人享受生活、丰富阅历

心理学家对好奇的定义是,个体对新异刺激的探究反应。孩子的心灵是纯净的,他们拥有明亮的眼睛,并且对这个世界充满好奇。孩子们的"十万个为什么"常常让我们惊叹他们的想象力如此之丰富、好奇心如此之广泛。

每个女人的生活都应该是新鲜的、充满情趣的,而好奇心则会为你增添生活的乐趣,成为你快乐的源泉。在你和一个人相处的时候,在你与自己的宠物一起玩闹的时候,在你找寻美食小店的时候,在你试穿新衣服的时候,你不需要那么理性,你应该用你孩子般的好奇心去打量、探究这个世界,寻找属于你的快乐。如果一个女人对世界失去了好奇,那么世界也会对她失去好奇。千万不要让你的生活变成一潭死水,只有不断追求新鲜、美丽的事物,女人才会不断地得到提升。

(4)美丽的梦想给女人目标和享受达到目标的过程

孩子最初的梦想总是多姿多彩的,而且通常是发自内心的,这些梦想总是和追求美好、追求自由、追求幸福联系在一起。当一个女人有了梦想之时,她就应该努力去实现这个美丽的梦,并且享受达到梦想的过程中的乐趣。

你还记得儿时的梦想吗?你现在怀揣着什么样的梦想?也许在钢筋水泥的城市丛林中,你正企盼着骑上旋转木马;也许面对着每天来往相似的面孔,你希望得到哆啦A梦的任意门,门一打开就到了另一个世界;也许面对着电脑屏幕和数字键盘,你希望去一个奇妙的异国他乡来一次旅行……美丽的梦想不是孩子的专利,只要有梦,说不定哪一天你的梦想就实现了呢!正因为现实总是从梦想开始的,所以梦想才那样可贵。

8.知情达意,做个有情调的灵性女子

当年,鸠山由纪夫在斯坦福大学留学时,比他大四岁的幸已是旧金山一个日本人的妻子了。这个日本人的姐姐开了一家餐馆,受鸠山父母所托照顾鸠山由纪夫,幸正好在这家餐馆帮忙。鸠山和幸的爱情就诞生于这家餐馆。生性浪漫的鸠山由纪夫当年完全不顾政治名声对有夫之妇的幸展开了疯狂的追求,终于横刀夺爱,成功地将她娶回家中,这是日本政坛上一件令人哭笑不得的浪漫事件。尽管保守的日本社会对这段婚姻存在微词,但鸠山幸谈到自己的婚姻时依然甜蜜地说:"他常跟外人说,我是一个送上门的妻子。其实,是他自己送上门!"在那样保守的七十年代,像鸠山幸般有灵性懂情调的日本女子真得很少,也难怪鸠山由纪夫会对她如此着迷。

在现实生活中,知情达意、有情调的女子总是会更受男人青睐些。

朋友圈里有两个大美女Q和W,她们都是家境优渥、美貌高挑、对人亲切随和的传统好女人,但却都至今单身未嫁。不仅如此,男人对她们都是避之不及,身边熟悉的男人很少主动约会她们,大多数男人给她们的评价是"缺少点什么,缺少情调"。她们的情调哪里去了呢?

来看看她们面对男人时的反应吧!Q常常从初次见面的男人那里收到赞美:"你的腿真美!""你是今天整个晚宴上最惹眼的女人。""你的唇好性感。"Q最通常的反应是很冷淡,板着脸回应道:"打住!""你真无聊!"男人的调情在Q这里,是"冒犯"和"淫荡"的同义词。她就像一只浑身长刺的刺猬,狠狠地回敬男人略带一点点调情的赞美。

W则正相反,面对男人无心的话语总是极其认真。男人常对她说:"我

第十章　跟日本前第一夫人鸠山幸学灵性

从来没有见过你这么可爱的女人。""在咱这儿,你的性格、样貌都是第一等的。""你的身材真好,巩俐也不过如此。"W把男人的夸赞看作仰慕和恭维,她把这些男人都看作是她的裙下之臣,把普通的交往当作了爱情。而这些男人一旦发现她会错了意,准备抽身而出时,W总是一脸委屈,楚楚可怜地四处哭诉男人的负心和抛弃。

两个女人的问题在于她们不懂和不会"调情"。"调情"倒过来就是"情调"。在西方,调情甚至是一种基本的礼仪和文化。其实,女人的一个微妙情愫是"柔",女人一旦强硬,便理所应当地失掉了"女人味",而调情正是介于男女感情的黑白分明中那一抹暧昧的灰。这种灰,中和了阴阳,让男人和女人在美妙而暧昧的状态下获得一种高贵和柔美的乐趣。

调情就像电影里的转场:镜头切入,一床的玫瑰花瓣,温婉的舞曲,女人和曼妙的纱衣。镜头隐黑,之后便是清晨的阳光,空静无人的铺装木质地板的房间。镜头隐黑的这段是什么?这永远是个悬念,它给你留下了足够的想象余地。男女之间的暧昧,就是这样神秘和柔滑。而又有多少女人,就是在这样的调情、暧昧之间,留下了熠熠生辉的经典?你会发现,那些美得惊人的女人,她们最美的时刻,都隐藏在情欲的背后,是花瓣绽放却又内敛的半开半合。

如果有人说你善于调情,你可能会勃然大怒,但如果说你有情调,你就会眉飞色舞。不敢坦然调情,因为在我们的习惯和印象中它一直不是个褒义词,有态度不严肃、挑逗、轻浮,甚至作风腐化的意味。在文学作品中,调情常常与一些不健康和有悖道德标准的故事情节联系在一起。但是当我们在街边看到一位很有教养的男子和一个身材纤细、气质高贵的妇人彼此间话中有话,暗送秋波时,总会在心里感叹:"多有情调!"或者是看到一个青春阳光的小伙儿向妙龄女郎吹声口哨,同时女郎回一句意味深长的"HEY"时,我们的反映是:瞧,人家多有活力,生活的多阳光!实际上,此时的"调情"已经成了亲和力、率直、开朗、幽默、倜傥洒脱和有艺术气息的代名词。

在现今这样一个极需个性与魅力的时代,调情的作用是不言而喻的。健康的调情,就是教会男女之间如何互相尊重、体贴、欣赏,锻炼女人的阅历经验,培养男女人的"性趣",给你的生活带来亮色,使生活更加轻松活泼,更有意趣、自然、人性。

但是,并非所有的人都喜欢或懂得调情。不同的文化背景和政治背景,孕育着不同的调情文化,这也让调情演变为一种技巧,更准确地说,是一种修养。

女人应该学会调情!当你在电梯间遇见一个曾经让你心动的男人,你们不期而遇时,在眼光交会的那一瞬,你突然觉得心头一阵小鹿乱撞,红晕浮上双颊,并且口干舌燥起来。潜意识告诉自己这是个会为你生命增添色彩的男人,于是你舔舔双唇,含情脉脉地看着他,漾出一个甜蜜笑容后甩头转身离开,你优雅地迈着步伐款摆曲线。这时,你就可以感受到背后的他正以灼热的眼光吐露倾慕。于是,你知道自己的调情策略已大获全胜,为自己的情感世界增加了一笔亮丽的色彩!

只有在善于调情的女人面前,男人才会懂得欣赏和爱惜女人,也只有在喜欢的男人面前,女人的调情才会更有意义!没有调情相呼应的性感,将是无限寂寞而又哀怨的。

女人的魅力来自哪里?不仅是来自美丽,情调也会让女人拥有魅力!